自行火炮可靠性增长
理论与技术

柴振海　乔　梁　史宪铭　等编著

国防工业出版社

·北京·

内 容 简 介

本书系统阐述了自行火炮可靠性增长的概念、理论、方法和模型,建立了自行火炮可靠性增长的框架体系与监督体系。主要内容包括基本概念、可靠性预计与建模、可靠性分析、可靠性改进、可靠性增长试验、可靠性管理评价与控制、可靠性工程监督等理论与技术。

本书可作为工程技术、管理人员和监督代表开展可靠性工程与监督工作的参考用书,也可作为高等院校相关专业和管理专业高年级本科生、研究生的教材与参考用书。

图书在版编目(CIP)数据

自行火炮可靠性增长理论与技术/柴振海,等编著.
—北京:国防工业出版社,2017.5
ISBN 978 – 7 – 118 – 11352 – 5

Ⅰ.①自… Ⅱ.①柴… Ⅲ.①自行火炮—可靠性理论 Ⅳ.①E923.2

中国版本图书馆 CIP 数据核字(2017)第 145158 号

※

*国防工业出版社*出版发行
(北京市海淀区紫竹院南路 23 号 邮政编码 100048)
北京嘉恒彩色印刷有限责任公司
新华书店经售
*
开本 787×1092 1/16 印张 10¾ 字数 232 千字
2017 年 5 月第 1 版第 1 次印刷 印数 1—2000 册 定价 56.00 元

(本书如有印装错误,我社负责调换)

国防书店:(010)88540777 发行邮购:(010)88540776
发行传真:(010)88540755 发行业务:(010)88540717

序

　　装备的可靠性是设计出来、制造出来、管理出来的。如何提高可靠性管理工作的科学化和规范化水平,一直是困扰自行火炮可靠性工作者和可靠性监督工作者的巨大难题。

　　《自行火炮可靠性增长理论与技术》一书理论性强,它以自行火炮为平台,密切联系自行火炮研制、生产和使用实际,围绕提升自行火炮可靠性指标体系目标,系统研究了自行火炮可靠性及其可靠性增长的概念、理论、方法和模型,建立了实现自行火炮可靠性增长的框架体系和监督体系,既是基础理论的深化,又是最新成果的总结。

　　该书使用价值高,在可靠性增长的技术工作层面,系统研究了可靠性建模、分析、改进、增长试验、评价与控制等关键问题;在可靠性增长的管理工作层面,研究了自行火炮可靠性增长监督方法、工作规范和评价方法,将为工程技术、管理人员、监督代表和相关专业人员等开展可靠性工程与监督工作提供理论与技术支撑。

　　该书的出版,既体现了编著者的研究水平,又迎合了读者的现实需求,愿这本书对我国装备可靠性系统工程的深入发展,起到重要的推动和促进作用。

钟山

2016年9月8日

前　言

　　可靠性增长理论与技术是在装备全系统全寿命期同故障作斗争的工程实践，实质就是研究装备故障的发生、发展，故障发生后的因果定位、机理分析，采取纠正措施、预防措施，并实施优化改进，达到提升装备可靠性的目的。装备可靠性的高低，直接影响装备的战备完好性和战斗力。自行火炮的可靠性是设计出来、制造出来、管理出来的。本书以自行火炮为对象，以提高可靠性为目标，坚持问题导向，阐述了自行火炮可靠性增长的概念、理论、方法和模型，建立了自行火炮可靠性增长的框架体系与监督体系，为实现装备可靠性增长提供了理论与技术支撑。

　　本书共分七章。第 1 章阐述了自行火炮可靠性增长的基本概念；第 2 章阐述了可靠性预计、可靠性数据收集、可靠性图形分析、可靠性框图、可靠性建模等基本理论；第 3 章阐述了故障模式、影响及危害性分析、故障树分析、虚拟样机技术等可靠性分析方法；第 4 章结合实例阐述了自行火炮可靠性增长改进途径；第 5 章阐述了可靠性增长试验概念、三种常见的可靠性增长模型，描述了可靠性增长试验的组织和实施方法；第 6 章阐述了自行火炮可靠性增长管理评价的参数及计算方法、可靠性增长管理曲线、增长跟踪与控制技术；第 7 章阐述了自行火炮可靠性工程监督的基本概念和方法。

　　本书是作者长期从事装备质量与可靠性工程实践，尤其是在自行火炮可靠性增长相关成果的基础上编写而成。本书可作为工程技术、管理人员和监督代表开展可靠性工程与监督工作的参考用书，也可作为高等院校相关专业和管理专业高年级本科生、研究生的教材与参考用书。由于编者水平有限，错讹难免，诚望读者指正。

　　参加本书编写工作的有柴振海、乔梁、史宪铭、王丛、吴军、杜月和、周伟、范海蓉、黄坚、吕媛媛、张万玉、孙也尊、杜鹃、陈燕等同志。

　　在本书编写过程中，得到了钟山院士，以及姬广振、魏来生、刘勇、孙伟等同志的热心指导和认真审查，在此表示衷心感谢和敬意。此外，本书还参考了国内外有关文献资料，在此一并表示感谢。

编著者

2016 年 9 月

目　　录

第1章　自行火炮可靠性增长的基本概念 ……………………………………… 1

1.1　自行火炮构成 …………………………………………………………… 1

1.2　自行火炮故障 …………………………………………………………… 2

　　1.2.1　故障定义与判别准则 …………………………………………… 2

　　1.2.2　自行火炮故障的特点 …………………………………………… 2

　　1.2.3　自行火炮故障的分类 …………………………………………… 3

　　1.2.4　故障统计 ………………………………………………………… 5

1.3　自行火炮可靠性 ………………………………………………………… 6

　　1.3.1　定义 ……………………………………………………………… 6

　　1.3.2　参数 ……………………………………………………………… 6

　　1.3.3　指标 ……………………………………………………………… 8

1.4　自行火炮可靠性增长 …………………………………………………… 9

　　1.4.1　可靠性增长管理 ………………………………………………… 9

　　1.4.2　可靠性增长过程 ………………………………………………… 12

　　1.4.3　可靠性增长试验 ………………………………………………… 13

　　1.4.4　可靠性增长评审 ………………………………………………… 15

1.5　自行火炮可靠性增长体系框架 ………………………………………… 17

　　1.5.1　框架结构 ………………………………………………………… 17

　　1.5.2　时间维 …………………………………………………………… 18

　　1.5.3　逻辑维 …………………………………………………………… 19

　　1.5.4　知识维 …………………………………………………………… 20

第2章　自行火炮可靠性数据与建模 ………………………………………… 22

2.1　可靠性数据收集 ………………………………………………………… 22

　　2.1.1　可靠性数据概念 ………………………………………………… 22

　　2.1.2　可靠性数据收集 ………………………………………………… 23

　　2.1.3　可靠性试验数据 ………………………………………………… 26

2.2 基于可靠性图形分析的自行火炮可靠性数据分析 …………… 27

   2.2.1 排列图分析 ……………………………………… 27

   2.2.2 因果图分析 ……………………………………… 28

   2.2.3 直方图方法 ……………………………………… 29

   2.2.4 概率图分析 ……………………………………… 32

   2.2.5 系统可靠性统计分析实例 ……………………… 33

2.3 基于可靠性框图的自行火炮可靠性建模 ……………………… 36

   2.3.1 可靠性框图概念 ………………………………… 36

   2.3.2 可靠性框图编制程序 …………………………… 37

   2.3.3 某型自行火炮系统可靠性框图建立 …………… 40

2.4 基于 GO 法的自行火炮可靠性建模 ………………………… 41

   2.4.1 基本概念 ………………………………………… 42

   2.4.2 建模过程 ………………………………………… 45

   2.4.3 某型自行火炮驻退机 GO 模型 ……………… 46

第 3 章 自行火炮可靠性分析 ……………………………………… 51

3.1 故障模式、影响及危害性分析 ……………………………… 51

   3.1.1 FMECA 的基本概念 …………………………… 51

   3.1.2 故障模式分析 …………………………………… 53

   3.1.3 故障原因分析 …………………………………… 54

   3.1.4 故障影响及危害性分析 ………………………… 55

   3.1.5 FMECA 示例 …………………………………… 60

3.2 故障树分析 …………………………………………………… 71

   3.2.1 故障树基本概念 ………………………………… 72

   3.2.2 故障树基本符号 ………………………………… 72

   3.2.3 故障树的割集 …………………………………… 74

   3.2.4 故障树建树与分析方法 ………………………… 75

   3.2.5 故障树示例 ……………………………………… 78

3.3 虚拟样机技术 ………………………………………………… 79

   3.3.1 建模方法 ………………………………………… 80

   3.3.2 数值求解方法 …………………………………… 80

   3.3.3 样机建模步骤 …………………………………… 81

   3.3.4 自行火炮虚拟样机建模 ………………………… 82

3.3.5　最大后坐长虚拟样机仿真分析 ················ 83

第4章　自行火炮可靠性改进 ························· 86

4.1　基于故障模式分析的可靠性设计改进 ·············· 86

4.1.1　故障定位 ·································· 86

4.1.2　故障机理分析 ···························· 86

4.1.3　设计改进方案 ···························· 87

4.1.4　方案的动态试验验证评估 ················ 88

4.2　基于应力分析的可靠性设计改进 ················· 89

4.2.1　基于振动冲击应力分析的可靠性设计改进 ····· 89

4.2.2　基于温度冲击应力分析的可靠性设计改进 ····· 91

4.2.3　基于电应力分析的可靠性设计改进 ·········· 92

4.3　基于工艺优化的可靠性设计改进 ················· 94

4.3.1　工艺设计分析 ···························· 94

4.3.2　工艺方案优化改进 ························ 94

4.4　基于检验试验的可靠性改进 ····················· 95

4.4.1　原材料检验试验 ·························· 95

4.4.2　元器件检验试验 ·························· 96

4.4.3　外购外协件检验试验 ······················ 97

4.4.4　系统(分系统)检验试验 ···················· 98

第5章　自行火炮可靠性增长试验 ····················· 99

5.1　可靠性增长试验概述 ··························· 99

5.1.1　可靠性增长试验概念 ······················ 99

5.1.2　可靠性增长试验的对象 ···················· 100

5.1.3　可靠性增长试验考虑因素与环境条件 ·········· 100

5.1.4　故障报告、分析和纠正措施系统 ············· 101

5.2　可靠性增长模型 ······························· 102

5.2.1　可靠性增长模型创建过程 ·················· 102

5.2.2　Duane 模型 ····························· 104

5.2.3　AMSAA 模型 ····························· 106

5.2.4　Compertz 模型 ··························· 109

5.2.5　三种模型适应性分析 ······················ 110

5.3　可靠性增长试验的组织实施 ····················· 111

    5.3.1　可靠性增长试验过程 ···················· 111

    5.3.2　可靠性增长试验方案 ···················· 112

    5.3.3　可靠性增长试验的结果 ·················· 114

    5.3.4　可靠性增长试验结果分析 ················ 115

    5.3.5　可靠性增长试验前相关工作准备 ·········· 116

第6章　自行火炮可靠性增长管理评价与控制 ··········· 118

  6.1　可靠性增长管理参数 ······················· 118

    6.1.1　纠正比 ······························· 118

    6.1.2　纠正有效性系数 ······················· 119

    6.1.3　试验环境条件与 π 系数 ················ 119

  6.2　自行火炮可靠性增长计划 ··················· 119

    6.2.1　可靠性增长计划目标 ··················· 119

    6.2.2　可靠性增长计划内容 ··················· 121

  6.3　可靠性增长管理曲线 ······················· 125

    6.3.1　增长曲线 ····························· 125

    6.3.2　计划曲线 ····························· 129

    6.3.3　计划曲线和理想曲线的关系 ·············· 134

  6.4　可靠性增长的跟踪与控制 ··················· 134

    6.4.1　增长过程的跟踪 ······················· 134

    6.4.2　增长过程的控制 ······················· 137

    6.4.3　不修复部件的特殊考虑 ·················· 138

  6.5　某型自行火炮火力分系统纠正有效性系数计算 ···· 140

    6.5.1　自行火炮火力分系统可靠性预计 ·········· 140

    6.5.2　可靠性增长管理评价参数计算 ············ 142

第7章　自行火炮可靠性工程监督 ··················· 143

  7.1　基本概念 ································· 143

    7.1.1　工程监督 ····························· 143

    7.1.2　定量控制 ····························· 144

    7.1.3　验证值与预测值 ······················· 144

    7.1.4　定量控制方法 ························· 145

  7.2　可靠性增长管理组织监督 ··················· 145

  7.3　可靠性增长管理计划监督 ··················· 147

  7.3.1 可靠性增长目标监督 ·················· 147

  7.3.2 可靠性增长曲线监督 ·················· 149

  7.3.3 可靠性增长计划监督 ·················· 149

 7.4 可靠性增长过程监督 ····················· 150

  7.4.1 可靠性增长点确定监督 ················ 150

  7.4.2 可靠性增长方案监督 ·················· 151

  7.4.3 可靠性增长设计监督 ·················· 151

  7.4.4 可靠性增长生产监督 ·················· 153

  7.4.5 可靠性增长试验监督 ·················· 155

  7.4.6 可靠性增长验收 ···················· 156

参考文献 ·································· 161

第1章　自行火炮可靠性增长的基本概念

自行火炮可靠性是在产品设计、制造与管理中形成的固有属性,可靠性要求是进行可靠性设计、分析、试验和验收的依据,理解可靠性概念是进行可靠性工作的基础,正确、科学地确定各项可靠性要求是一项重要而复杂的系统工程。

1.1　自行火炮构成

自行火炮是自行机动能力和独立作战能力相结合的武器系统,具有威力大、射程远、机动性能好等特点,是遂行陆军作战的重要组成部分。

按行动装置的结构形式,自行火炮可分为履带式、轮式和车载式自行火炮,一般由火力分系统、火控分系统和底盘分系统等组成。火力分系统主要包含炮身、炮塔、高低机、方向机和平衡机等部件,火控分系统主要包含火控计算机、惯性导航设备、随动系统和通信系统等部件,底盘分系统主要包含发动机、综合传动装置、行动装置和底盘综合电子信息系统等部件。自行火炮综合运用了现代车辆、武器、电子、光电、控制等先进技术,系统结构和生产使用技术日趋复杂,其可靠性已成为部队高度关注和需要的重要技术指标。我国自行火炮设计水平、创新能力和制造技术的欠缺,限制了自行火炮可靠性理论的健全发展和可靠性技术的具体实践,故障频发,保障维护寿命周期费用高,部队满意度不高,主要存在以下问题:

（1）虽然部队已装备了不少火炮类武器,但实际使用的频度并不高,相对其他国家而言可称为一个小子样问题。以这样小的样本量进行可靠性增长管理,对整个可靠性增长进行规划、加强可靠性过程管理,已成为一个迫切的问题。

（2）由于研制经费和研制周期所限,试验时间与次数都较少,装备整机试验子样量很小,如何采取有效的可靠性增长管理,提高自行火炮武器系统可靠性水平,已经成为关键性前沿技术。

（3）传统的自行火炮可靠性增长,大都局限于朴素的工程技术思想,主要

1

通过试验暴露产品的设计和工艺缺陷及薄弱环节,采取纠正措施,提高产品可靠性的过程,没有考虑时间和费用的优化。由于可靠性增长规划或多或少地带有自发性和随意性,缺乏科学的管理方法,研制风险很难控制。

通过科学的可靠性增长管理,消除自行火炮的可靠性隐患,提高可靠性水平,保证自行火炮可靠使用,避免可靠性故障带来的损失,将获得显著的军事经济效益。

1.2 自行火炮故障

1.2.1 故障定义与判别准则

故障是产品不能执行规定功能的状态,通常指功能故障。因预防性维修或其他计划性活动或缺乏外部资源造成不能执行规定功能的情况除外。

自行火炮故障是指自行火炮及其零部件在规定的任务剖面内不能完成规定功能的事件或状态。对自行火炮故障的定义作如下几点说明:

(1)规定的任务剖面:自行火炮有多种任务剖面,如训练任务剖面、作战任务剖面、运输任务剖面等。其中以作战任务剖面最为复杂,使用条件与环境条件最为恶劣。不同的任务剖面对故障定义的要求是不同的,应该明确指出"规定的任务剖面"。

(2)规定功能:对自行火炮的功能要清晰、明确,避免在故障定义中产生歧义。

从维修角度来判别,凡是在任务期间引起自行火炮维修的事件或状态均计为故障。故障发生后,既可能直接影响任务完成,也可能不影响任务完成。

1.2.2 自行火炮故障的特点

自行火炮主要由火力分系统、火控分系统、底盘分系统等部分组成,这些部分或者相互连接,或者相互控制,共同实现自行火炮各种功能。正是由于自行火炮结构上的复杂性、关联性,导致自行火炮故障具有复杂性、层次性、随机性、相关性、阈限性、可修复性等特点。

1. 复杂性

由于构成自行火炮各组成部分之间相互联系、相互耦合,致使故障原因与故障现象之间表现出极其错综复杂的关系,即同一故障现象往往对应着几种故障原因,同一故障原因可以导致几种故障现象。这种故障原因与故障现象之间不确定的对应关系,使得自行火炮故障分析的困难程度大大增加。

2. 层次性

自行火炮的故障关系可分解成若干个层次,各类影响因素与之相对应并相互影响。当某一零部件出现故障,同它相关的零部件和层次也可能引发故障,造成多种故障并存,不同层次的故障相互关联,给故障分析和故障预测带来很大的困难。

3. 随机性

自行火炮的结构及状态参数随服役时间及条件而变化,受战场损伤和人为原因等诸多因素的影响,各零部件的故障规律不尽相同,某个零部件出现故障时,将会引发不同层次上其他相关故障的产生。

4. 相关性

当自行火炮的某一层次的某个部件发生故障后,势必导致同它相关部件的状态发生变化,从而引起这些部件的功能发生变化,致使该故障所处的层次产生新的故障,这就带来了系统同一层次有多个故障并存的现象。任何一个原发故障都存在多条潜在的传播途径,可能引起多个故障并存,这就是系统故障的相关性,也称为故障的"横向性"。多故障并行是自行火炮故障分析的一个关键问题。

5. 阈限性

零部件磨损的故障,多数都有一定的阈值区间,因而可据此判断该零部件的故障状况,并判断该零部件的剩余寿命。

6. 可修复性

自行火炮的故障大部分是可以修复的,包括更换零部件。

1.2.3　自行火炮故障的分类

1. 按故障性质分

(1) 非关联故障与关联故障。非关联故障为已经证实是未按规定的条件使用而引起的故障,或已证实仅属某项不采用的设计所引起的故障;否则为关联故障。

(2) 非责任故障与责任故障。非责任故障为非关联故障或事先已规定不属某个特定组织提供的产品的关联故障;否则为责任故障。自行火炮在使用、保养和修理过程中,由于责任心不强、工作失误、管理不严、组织指挥不当,不按条令制度和操作规程办事等原因造成的故障,就属于责任故障。

（3）系统性故障和残余性故障。系统性故障是由某一固有因素引起,以特定形式出现的故障,它只能通过修改产品设计、生产过程控制、操作程序或其他关联因素来消除。系统性故障可以通过模拟原因来诱发。无改进措施的修复性维修通常不能消除系统性故障的故障原因。残余性故障是系统性故障之外由于偶然因素而随机出现的一类故障,这类故障通常难以重现。

（4）A 类故障和 B 类故障。A 类故障是一类受技术水平的限制不能经济地降低其故障率的故障。工程实践中,A 类故障通常是指由于经费、时间、技术条件限制或其他原因,被确定为不进行纠正的系统性故障及所有的残余性故障。B 类故障是一类能经济地降低其故障率的系统性故障。工程实践中,B 类故障通常是指被确定为需要进行纠正的系统性故障。

2. 按故障后果严重程度分

（1）灾难故障。是指导致人员伤亡、自行火炮毁坏、重大经济损失及重大环境污染的故障。例如身管寿命终止、炸膛等。

（2）严重故障。是指导致人员的严重伤害、较大经济损失、任务失败及严重环境污染的故障。例如复进杆弯曲、节制环磨损等。

（3）一般故障。是指导致人员轻度伤害、一定的经济损失、任务延误及中等程度的环境污染的故障,即故障影响到了自行火炮正常使用,但在较短时间内可以排除的故障。例如击针尖磨损、击针簧弹性减弱等。

（4）轻度故障。不足以导致人员伤害、一定的经济损失、任务延误,但会导致非计划维护和修理的故障。轻度故障虽然也影响了自行火炮的正常使用,但能在战斗任务中用随炮工具轻易排除。如轻微渗漏、一般紧固件松动等。

3. 按故障规律分

（1）早期故障。是指自行火炮在寿命周期的早期因设计、加工、装配的缺陷等原因发生的故障,其故障率随着寿命单位数的增加而降低。如刚出厂的自行火炮复进机严重漏液、漏气故障。针对这类故障,主要有以下几种处理方式:若为加工问题,则需重新检测、重新安装;若为设计问题,则需修改设计;若为零部件质量问题,则需更换零部件。

（2）偶然故障。是指由于偶然因素引起的故障。这类故障发生的特点是具有偶然性和突发性,事先无任何征兆,一般与使用时间无关,难以预测。如高低机齿轮上因有污渍造成活动卡滞、闭锁行程开关因振动造成短暂性接触不良。该类故障一般较容易排除，通常不影响自行火炮寿命。

（3）耗损故障。是指由于疲劳、磨损、老化等原因引起的故障，其故障率随寿命单位数的增加而增加。自行火炮部件在使用过程中，雨雪侵袭，容易使金属零件锈蚀；灰沙嵌入，加速零件的磨损；酷热和严寒，使反后坐机构和气压式平衡机的液体、气压发生改变；频繁的冲击振动，也会使零件松脱、结构失调甚至损坏。耗损故障的特点是故障发生的概率与使用时间有关，通常只有在自行火炮的有效寿命后期才明显地表现出来。

4. 按故障表现形式分

（1）功能故障。自行火炮应有的工作能力或特性明显降低，甚至根本不能继续工作，即丧失了自行火炮应有的功能，称为功能故障。这类故障可通过使用人员的直接感受或测定其输出参数来判断。例如关键零部件损坏、射击精度明显降低、动作困难等。

（2）潜在故障。故障逐渐发展，但尚未在功能方面表现出来，却又接近萌发的阶段。当这种情况能够鉴别时，即认为也是一种故障现象，称为潜在故障。例如零部件在疲劳破坏过程中，其裂纹的深度接近于允许的临界值时，便认为存在潜在故障。探明了潜在故障，就能在达到功能故障之前进行排除，有利于保持装备完好状态，避免因发生功能故障而带来的不利后果。

1.2.4　故障统计

自行火炮生产、使用过程中，只有责任故障才能作为判定被试品合格与否的依据。责任故障应按下面的原则进行统计：

（1）可证实是由于同一原因引起的间歇故障只计为一次故障。

（2）当可证实多种故障模式由同一原因引起时，整个事件计为一次故障。

（3）有多个元器件在试验过程中同时失效时，当不能证明是一个元器件失效引起了另一些元器件失效时，每个元器件的失效计为一次独立的故障；若可证明是一个元器件的失效引起另一些元器件失效时，则所有元器件的失效合计为一次故障。

（4）已经报告过的由同一原因引起的故障，由于未能真正排除而再次出现时，应和原来报告过的故障合计为一次故障。

（5）多次发生在相同部位、相同性质、相同原因的故障，若经分析确认采取纠正措施经验证有效后将不再发生，则多次故障合计为一次故障。

（6）在故障检测和修理期间，若发现被试品中还存在其他故障而不能确定为是由原有故障引起的，则应将其视为单独的责任故障进行统计。可证实是由于同一原因引起的间歇故障只计为一次故障。

1.3　自行火炮可靠性

1.3.1　定义

自行火炮可靠性是针对自行火炮这一特殊系统的可靠性，它是进行自行火炮可靠性增长管理和监督工作的基础。

所谓系统，是指能够完成某项工作任务的设备、人员及技术的组合。一个完整的系统应包括在规定的工作环境下，使系统的工作和保障可以达到自给所需的一切设备、有关的设施、器材、软件、服务和人员。

分系统是指在系统中执行一种使用功能的组成部分。如火力分系统、火控分系统等。

系统和部件的含义均是相对而言的，具体由研究的对象而定。例如，把一辆自行火炮当成一个系统时，组成自行火炮的火力分系统可以看成部件；把火力部分作为系统时，组成火力系统的炮身、炮闩、摇架等部分也可以看成部件。

系统可靠性表示系统在规定的条件下和规定的时间内完成规定功能的能力。系统在规定的条件下和规定的时间内，完成规定功能的概率称为系统可靠度。自行火炮作为一个系统，其可靠性中的时间概念可以理解为摩托小时、射击发数、行驶里程或开关次数等。

1.3.2　参数

可靠性参数可用来进行产品的可靠性设计、分析、评价、管理。对于具体的产品，可以选择不同的可靠性参数来度量。下面介绍几个常用的可靠性参数。

1. 平均故障间隔时间（MTBF）

MTBF 是可修复产品可靠性的一种基本参数。其度量方法为：在规定的条件下和规定的时间内产品的寿命单位总数与故障总数之比。

2. 平均故障前时间（MTTF）

MTTF 是不可修复产品可靠性的一种基本参数。其度量方法为：在规定的条件下和规定的时间内产品寿命单位总数与故障产品总数之比。

3. 可靠度

产品的工作时间是一个随机变量,可用 T 表示,t 表示规定的工作时间,则可靠度为 $R(t)=P(T>t)$。$R(t)=1-F(t)$,$F(t)=P(T\leqslant t)$ 为故障概率分布函数。

对于自行火炮这一多功能系统,在研究其可靠性问题时应按照系统每种功能单独地对可靠性进行定量描述、分析、评估并予以保证。可靠性参数应根据系统的各种单一功能选取。

根据参与完成系统某种功能的特征,将整个系统进行分解而得到系统相应的功能子系统。每一个功能子系统都只完成单一的功能。应按系统的每个功能子系统来分析系统的可靠性,同时还须考虑其功能子系统具有一种相互代替的性能,这种性能可以使部分功能子系统出现的故障对系统的影响减到最低程度。

在系统的任务剖面中,各种规定的功能是由各不相同的功能子系统来实现的。因此,应当对系统的每一种功能,尤其是系统的主要功能都给出相应的可靠性参数。对应于系统连续完成的功能,一般可采用无故障工作时间和故障率等参数,它们反映系统完成该功能的平均寿命;对应于系统断续完成的功能,则可选用与任务成功性有关的任务成功概率和任务准备系数参数。

可见,系统可靠性参数研究往往是在任务阶段进行划分的基础上,对每一特定阶段选择相应的可靠性参数来进行。

描述系统的可靠性有以下四种基本方法:

(1) 把可靠性定义为"平均寿命"或平均故障间隔时间(MTBF)。这种方法适用于长寿命系统。在这种系统中计划的任务时间总比规定的平均寿命要短。

(2) 把可靠性定义为在规定时间内的正常工作概率。当在执行任务期间要求设备和系统具有很高的可靠性时可用此定义。

(3) 把可靠性定义为成功概率。这种定义适用于一次性使用产品的可靠性或周期使用产品的可靠性。

(4) 把可靠性定义为在规定时间内的故障率。

一般规定系统的可靠性要求可采用第一或第二种定义,但第一种方法在早期寿命期中往往不能有效地保证规定的可靠性水平。当系统的平均故障间隔时间超出任务的规定时间时可使用第二种方法。第四种定义可用来规定元器件和组件的可靠性。

常用的自行火炮系统可靠性参数包括平均寿命(Mean Life)、可靠寿命(Reliable Life)、使用寿命(Useful Life)、平均拆卸间隔时间(MTBR)、平均故障间隔时间(MTBF)、致命性故障间的任务时间(MTBCF)、翻修间隔期限(Time between Overhauls)、总寿命(Total Life)、任务成功概率(MCSP)。上述可靠性参数的定义如下:

(1) 平均寿命(Mean Life):产品寿命的平均值或数学期望称为该产品的平均寿命。

(2) 可靠寿命(Reliable Life):设产品的可靠度函数为 $R(t)$,使可靠度等于给定值 r 的时间 t_r,称为可靠寿命。

(3) 使用寿命(Useful Life):产品从制造完成到出现不能修复的故障或不能接受的故障率时的寿命单位数。

(4) 平均拆卸间隔时间(Mean Time between Removals, MTBR):在规定的时间内,系统寿命单位总数与从该系统上拆下的产品总次数之比。不包括为了方便其他维修活动或改进产品而进行的拆卸。它是与供应保障要求有关的系统可靠性参数。

(5) 平均故障间隔时间(Mean Time between Failure,MTBF):这个参数主要用于可修产品。

(6) 致命性故障间的任务时间(Mission Time between Critical Failure, MTB-CF):与任务有关的一种可靠性参数,其度量方法为:在规定的一系列任务剖面中,产品任务总时间与致命性故障之比。对于不用的武器装备也能采用不用的任务时间单位表达。

(7) 翻修间隔期限(Time between Overhauls):在规定的条件下,产品两次相继翻修间的工作时间、循环数和(或)日历持续时间。

(8) 总寿命(Total Life):在规定的条件下,产品从开始使用到规定报废的工作时间、循环数或日历持续时间。

(9) 任务成功概率(Mission Completion Success Probability,MCSP):在规定的条件下和规定的任务剖面内,武器装备能完成规定任务的概率。

1.3.3 指标

自行火炮的系统可靠性表示自行火炮在规定的条件下和规定的时间内完成规定功能的能力。把自行火炮的火力分系统、火控分系统、底盘分系统分别作为一个整体,对其功能分别进行相应的定义。根据自行火炮使用的实际情

况,可以对具体的自行火炮功能标准进行统一定义。例如给出某自行火炮可靠性指标如下:

1. 底盘分系统

在 2000km 距离内,最低可接受可靠度值为 0.9;

发动机无故障间隔时间不低于 500 摩托小时。

2. 火力分系统

平均故障间隔发数的最低可接受值为 400 发;

身管寿命不低于 3000 发。

3. 火控分系统

平均故障间隔时间最低可接受值为 200h。

1.4　自行火炮可靠性增长

可靠性增长是指通过不断消除产品在设计或生产中的薄弱环节,使产品可靠性逐步提高的过程。通过对可靠性增长管理、增长过程、增长试验和增长评审等概念和工作的认识,加强可靠性增长工作的落实。

1.4.1　可靠性增长管理

为了达到预定的可靠性指标,对时间和其他资源进行系统的安排,并在估计值与计划值比较的基础上依靠重新分配资源对增长率进行的控制,称为可靠性增长管理。

可靠性增长活动可以在工程研制阶段、生产阶段进行,甚至在使用阶段进行。自行火炮可靠性增长活动是一个连续完整的闭环控制过程,在此过程中,首要任务是发现自行火炮的设计缺陷,这主要是从试验、使用中发生的故障中发现;其次是对故障进行分析,重点研究重复性故障和关键故障发生的原因,当认定为设计缺陷后,提出纠正这些设计缺陷的措施进而实施纠正,将修改设计的措施在少数试验样品上实施,并通过试验验证纠正措施的有效性;最后是修改技术文件和把纠正措施举一反三到同类型产品中去,这是落实可靠性增长活动的重要工作,是发挥可靠性增长试验效益的关键步骤。

在可靠性增长实际中,大多没有像定义中强调的那样严格,往往事前未给出明确的可靠性增长目标,而是对产品在试验或使用中发生的故障,根据可用于可靠性增长资源的多少,选择其中的一部分或全部实施纠正措施,以使产品可靠性得到确实提高。可靠性增长过程中,不制定计划增长曲线,也不跟踪增长过程,只是采用一两次集中纠正故障的方式,使产品可靠性得到提高。由于增长过程通常不能满足增长模型的限度条件,增长后的产品可靠性水平需要通过可靠性验证试验才能进行定量评估。

1. 自行火炮可靠性增长管理的特点

可靠性增长管理是有计划有目标的可靠性增长工作项目,并非可靠性增长过程中的管理工作。它是产品寿命期内的一项全局性的、为达到预期的可靠性指标,对时间和资源进行系统安排,在估计值和计划值比较的基础上,依靠重新分配资源,对实际增长率进行控制的可靠性增长项目。自行火炮可靠性增长管理有以下两个主要特点:

(1)自行火炮可靠性增长目标逐渐提高。自行火炮可靠性增长管理把可靠性增长工作从工程研制阶段延伸到生产阶段或使用阶段,在阶段的转接处和阶段内部划分的小阶段的进出口处设定可靠性增长目标,并形成逐步提高的系列目标。这促使各有关部门实施严格管理,并为降低风险提供支持。

(2)充分利用自行火炮寿命期内的各项试验和运行记录。自行火炮可靠性增长管理如果仅仅依靠可靠性增长试验,往往需要耗费大量资源,而目前可靠性试验投入较少。因此,可靠性增长管理除了依靠可靠性试验外,还要注意收集自行火炮全寿命周期内的各种试验以及使用过程中的故障信息,以用于可靠性增长评估,并将故障情况进行检测、分析、评估和风险权衡,把最适合解决的部分纳入可靠性增长管理的范围,形成可靠性增长的整体,使自行火炮可靠性增长到预期目标。无论是非可靠性试验,还是可靠性试验,在可靠性增长管理下,都应纳入可靠性增长管理中。

自行火炮可靠性增长管理的目的,就是要尽可能地利用自行火炮全寿命周期内各项试验、使用过程中出现的故障等信息与资源,把非可靠性试验与可靠性试验结合起来,都纳入到以可靠性增长为目的的综合管理之下,经济高效地促使系统达到预定的可靠性目标。

2. 自行火炮可靠性增长管理的基本内容

可靠性增长管理的基本内容主要包括进行可靠性增长规划、制定可靠性增长计划、实施可靠性增长试验、控制可靠性增长过程等。

1)进行可靠性增长规划,确定增长目标

可靠性增长规划是可靠性增长管理的依据。自行火炮可靠性增长目标,应根据工程需要与现实可能性经过全面权衡来确定。一般情况下,可以根据合同或研制任务书中的可靠性规定值来确定,同时,还需要考虑同类自行火炮的国内外水平、自行火炮的固有可靠性、自行火炮的增长潜力以及自行火炮的可靠性预计值等各种因素。

2)制定可靠性增长计划,细化增长要求

可靠性增长计划通常需要根据自行火炮的特性,选择合适的增长模型来制定。制定时,一般需要进行下述几项工作:

(1)分析以往同类自行火炮的可靠性状况及可靠性增长情况,掌握它们的可靠性水平、主要故障及其原因和发生频度、增长规律、增长起点、增长率等信息。

(2)分析自行火炮的研制大纲和可靠性大纲,了解研制试验项目设置情况,掌握各项试验的环境条件、工作条件及预计的试验时间等信息。

(3)选择切合实际的增长模型,制定可靠性增长计划,绘制可靠性增长的理想曲线及计划曲线。

3)实施可靠性增长试验,进行增长评估

可靠性增长试验的实施应根据 GJB 1407《可靠性增长试验》等的规定,确定合适的试验方案,选择合适的自行火炮试验和分析手段,对各环节进行严格的监督和控制。

在可靠性增长过程中,自行火炮的可靠性是在不断变化的。自行火炮在各个时刻的故障数据不可能只是来源于同一母体,因此,需要应用变动统计学的原理来建立自行火炮的可靠性增长模型。自行火炮的可靠性增长模型反映了其可靠性在变化中的增长规律。利用可靠性增长模型可以及时地评定自行火炮在变化中任一时刻的可靠性状态。

只有严格受控的可靠性增长试验,才能使用可靠性增长模型进行评估,当控制不得力时,就不要建立评估模型,以免得到错误的结果。即使不采用数学模型进行可靠性增长评估,只要切实地进行故障诊断和分析,采取有效的纠正措施,消除系统性薄弱环节,就可以使可靠性获得增长。

4)控制可靠性增长过程,促进增长实现

为了保证自行火炮可靠性的实际增长过程按计划进行,需对增长过程进行跟踪与控制。若出现较大的偏差,则要在分析这些偏差原因和影响因素的基础上采取对策,使其在预定的时间期限内增长到预定的目标。在增长过程中随时掌握自行火炮的故障信息,及时地进行可靠性评估并绘制出可靠性增长的跟踪曲线,通过与计划曲线的对比,为可靠性增长控制提供依据。

1.4.2　可靠性增长过程

可靠性增长是反复设计过程的结果。当周密的设计完成后,应对其进行故障源检测,以确定现实的或潜在的故障源,然后进一步的设计工作应集中在这些故障源上。设计工作可以是产品设计,也可以是生产过程设计。可靠性增长的基本过程由三个要素组成:①故障源的检测;②将发现的问题作反馈;③根据发现的问题进行再设计。在重新设计之后,故障源检测除完成新故障的检测作用外,还用于验证再设计的有效性。如果故障检测是由试验来完成的,那么在再设计后需要加工有关硬件,然后再进行故障源检测。

在可靠性增长基本过程中,故障源检测占有重要地位,它指出再设计的方向,可有效地促进可靠性增长。用于故障源检测的信息源非常广泛,在产品寿命期的各个不同阶段都有信息源。信息来源可分为下列五类。

(1)外部信息。来自本产品研制过程之外,但适用于本产品。主要有历史数据、科技文献、技术经验和当前正在使用的同类产品的信息等。

(2)分析结果。来自本产品的研制过程,但不包括硬件试验。主要有可行性研究、可靠性设计、故障模式影响分析以及可靠性设计评审等。

(3)试验数据。由于试验能对受试硬件的可靠性水平作出客观度量,所以它是可靠性增长最重要的信息来源。产品研制过程的各种试验中,受试硬件的性质和试验条件各式各样;从初样到最终产品,其结构成熟程序不同;从元器件直到产品级,受试硬件的装配等级不同;试验的环境条件可能是室内环境、模拟使用环境以及过应力加速环境。所以在利用信息来源时,要特别注意这些差别,对这些试验数据提供的信息进行必要处理。

(4)生产信息。生产过程中可以发现的设计中的薄弱环节。

(5)使用信息。外场使用中可以发现的设计中的薄弱环节。

自行火炮寿命期内不同阶段的信息来源对可靠性增长效费比的影响是不同的。同一个故障如果是从产品寿命期的初期,譬如设计阶段检出,设计更改和可靠性增长效费比较高;如果在产品寿命期的后期,譬如使用阶段检出,则可靠性增长的效费比较低,这个特性称为信息来源的及时性。早期进行设计更改所依据的信息往往会包含许多未知因素,如工作条件、元器件之间的相互影响等,而在后期,由于硬件趋于成熟,未知因素越来越少,设计更改往往具有准确的指向,可靠性增长更有把握,这个特性称为信息来源的确实性。高水平的可靠性增长管理应重视各种信息来源的组合,兼顾信息来源的及时性与确实性,经济地实现可靠性增长。

1.4.3　可靠性增长试验

各种试验是可靠性增长的最主要手段。通过试验充分暴露产品的薄弱环节,有效验证设计更改,并对产品的可靠性水平作出客观评估。因此,可靠性增长的基本方法,是通过试验诱发产品的故障,对故障进行分析找出故障原因,针对故障原因进行设计更改以消除薄弱环节,然后再试验,一方面验证设计更改的有效性,另一方面诱发新的故障。

有计划地激发自行火炮故障、分析故障原因和实现改进设计,从而为证明改进措施的有效性而进行的试验,称为可靠性增长试验(Reliability Growth Test,RGT)。可靠性增长试验的目的是通过"试验—分析—改进"(Test,Analysis and Fix,TAAF),解决设计缺陷,提高自行火炮的可靠性。

1. 可靠性增长试验的步骤

可靠性增长试验期间采用的环境条件及其随时间变化情况,应能反映受试自行火炮现场使用和任务环境的特征,即应选用模拟现场的综合环境条件。如果条件不具备,可选择一项或几项环境条件,所选条件应慎重选择对自行火炮可靠性影响最大或较大的环境条件。在应力种类和应力等级确定之后,应根据受试自行火炮现场使用时所遇到的工作模式、环境条件及其变化情况,确定一个试验环境剖面,将所选的环境应力及其变化按时间轴进行安排。

可靠性增长试验的核心是 TAAF 试验,其工作步骤如下:

(1)借助模拟实际使用条件的试验诱发故障,充分暴露问题和缺陷。

(2)对故障定位,进行故障分析,找出故障机理。

(3)根据故障分析结果,对可纠正故障,制定出纠正措施。

(4)生产新设计的有关硬件。

(5)将新硬件重新投入试验,以便验证纠正措施的有效性,同时暴露自行火炮的其他问题和设计缺陷。

严格的可靠性增长试验,必须在限定资源下,对 TAAF 试验进行计划、跟踪与控制,使自行火炮可靠性达到预期目标。图 1－1 为可靠性增长试验流程图。

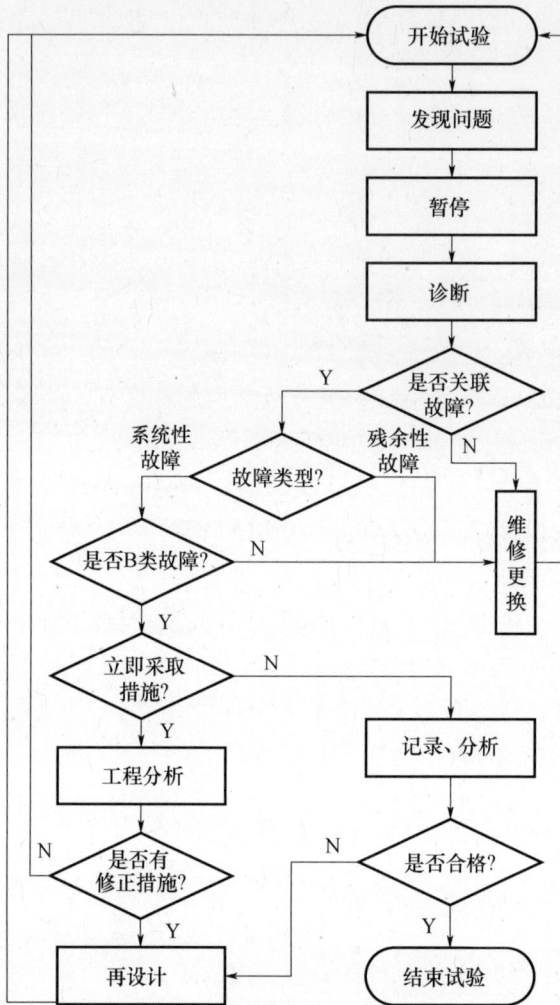

图 1-1   可靠性增长试验流程图

2. 可靠性增长试验管理

自行火炮可靠性增长试验管理是对可靠性增长试验过程及所需资源进行规划、配置、安排、跟踪和监督的一系列活动,以达到预定的可靠性增长目标。可靠性增长试验管理的首要工作是制定可靠性增长管理计划,主要包括以下内容:

(1) 明确可靠性增长试验阶段的划分。

(2) 明确可靠性增长试验场所、条件,初始可靠性的评审或测定。

（3）规划在各阶段可靠性要求及可靠性增长方式。

（4）制定可靠性增长试验计划。

（5）明确故障数据记录及处理方法。

（6）确定提出可靠性增长试验数据处理方法。

（7）确定可靠性增长试验设备与检测手段。

（8）对可靠性增长所需耗费的资源进行估计。

1.4.4　可靠性增长评审

自行火炮从研制到交付使用，应按照可靠性增长计划的要求，分阶段进行可靠性增长的评审。

1. 可靠性设计评审

改进设计是实现自行火炮可靠性增长的根本所在，对设计的科学性、合理性和可达性进行评审非常重要。可靠性设计评审的作用是运用早期告警的原则，对设计的质量进行控制。可靠性设计评审工作，要在分析自行火炮技术标准及其使用环境条件、使用要求的基础上，对设计依据、设计构思、设计方法和设计结果进行分析审查，从而尽量揭露自行火炮在可靠性和维修性设计上的疑点或薄弱环节，以便提醒管理者在做出决策时注意，为改进设计提示方向。

1）可靠性设计评审的工作目标

（1）评审设计是否满足合同的要求、是否符合设计规范和标准及有关规定。

（2）发现和确定设计疑点，研究并提出改进的建议与措施。

（3）对研制试验、检查程序和保障资源的分配进行预先考虑。

（4）检查和监督可靠性管理计划的实施。

（5）减少设计更改，缩短研制周期，降低研制周期费用。

2）评审方法

依据可靠性增长计划进行分阶段评审。一般包括如下过程：

（1）方案设计评审：在方案设计完成后进行。对设计方案、技术途径、可靠性与维修性指标及其分配的合理性、实现的可能性，采用的新技术、新元件、新材料的分析等进行评审。

（2）初步设计评审：在初步设计完成后、样机试制前进行。对系统功能、参数落实的可能性、接口设计，可靠性模型、指标分配，失效模式和效应分析、关键项目清单等进行评审。

（3）详细设计评审：在完成试样设计后、试生产之前进行。对自行火炮的性能、可靠性等指标的设计结果、试验结果、元器件大纲等进行评审。

（4）定型设计评审：在自行火炮设计定型将转入正式生产之前进行。对自行火炮性能测试和可靠性鉴定试验结果，设计的成熟性、可生产性，对生产的缺陷和自行火炮故障分析处理的正确性、彻底性，对关键件、外购件的控制文件等进行评审。

2. 可靠性增长评审

1）可靠性增长评审的类型

（1）按研制阶段划分为增长方案确定阶段的评审、增长方案设计评审、增长方案实施阶段评审、鉴定。

（2）按自行火炮组成层次分为全武器系统评审；火力分系统、火控分系统、底盘分系统等评审；零部件级评审；软件评审。

2）评审内容

主要对是否修正了可靠性模型，可靠性预计和指标是否进行再分配；可靠性预计值是否有足够的裕量；可靠性数据管理系统和故障报告、分析纠正措施系统的有效运行；对外协配套自行火炮的承制单位的可靠性控制，有无明确的可靠性设计和鉴定的验收要求；可靠性大纲和工作计划对本阶段规定的任务的落实情况；可靠性薄弱环节采取的改进措施、新材料及新工艺的选用是否合理等进行评审。

3）可靠性增长试验评审

主要对可靠性增长试验大纲的制定与实施，可靠性增长试验是否包括被试自行火炮的全部关键部分；环境试验条件（高温和低温、振动、冲击）是否满足要求；性能要求检查是否在要求的工作温度水平以上进行；关键元器件和组件的可靠性试验是否进行；阶跃应力试验应用于设计的安全系数的确定；故障数据的收集及可靠性增长方向的确定等方面进行评审。

4）可靠性验证试验评审

主要对是否模拟了任务剖面；是否对设备的所有工作模式进行试验，故障的定义和判别准则的制定；试验的环境等级与合同规定的符合程度；受试自行火炮进行的老练符合要求的程度，在可靠性验证试验中不工作时间和储存时间处理的合理性；试验规定的检查项目能否检查到装备全系统的故障率等方面进行评审。

5）故障报告、分析、纠正措施系统评审

主要对故障报告、分析、纠正措施系统运行的有效性；过程中产生的故障是否记录；在转承制方的检验、入厂检验、加工过程的检验、研制过程的试验、组件或组装件试验、设备组装和检验、老练或环境应力筛选、交付验收试验、环境和鉴定试验、可靠性和维修性试验；对所有故障都进行了分析，通过故障的统计确定趋势和分布图；故障报告、分析、纠正措施系统是否包括了关键部件的转承制方，包括改进设计的纠正措施的有效性验证；在重复出现同类故障时，是否重新进行纠正措施等方面进行评审。

6）鉴定评审

主要对可靠性指标的鉴定结果与研制要求的符合性；合同或任务书规定的可靠性指标及可靠性大纲实施总结报告与规定的符合性；研制过程中发生故障的改正措施是否全部落实并有效；试生产条件能否保证自行火炮达到规定的可靠性；试用期间出现的可靠性问题是否得到解决，可靠性是否达到规定的要求；试生产可靠性验收试验是否满足合同要求，验收试验出现的问题是否解决；批生产工艺规范及生产控制措施能否保证自行火炮的可靠性要求等方面进行评审。

1.5　自行火炮可靠性增长体系框架

1.5.1　框架结构

霍尔三维结构是一种解决有结构的"硬系统"问题的方法论。运用霍尔三维结构方法论，对自行火炮可靠性增长这一复杂系统问题进行规划探析，形成自行火炮可靠性增长体系框架，如图 1-2 所示。自行火炮可靠性增长体系框架主要由时间维、逻辑维和知识维组成，时间维是从自行火炮的寿命周期出发，对自行火炮不同时间阶段的可靠性增长面临问题不同进行考虑；逻辑维是在时间维的基础上，针对某一个阶段中，解决可靠性增长问题时面临的各个逻辑步骤；知识维是在不同时间维的不同逻辑步骤中，解决自行火炮可靠性增长问题所涉及的知识和方法。明确了这三个维度，对自行火炮可靠性增长问题就有了一个整体的概念。

自行火炮的可靠性是设计出来、生产出来、管理出来的，相应地，自行火炮可靠性增长时间维包括研制、生产和使用三个阶段。

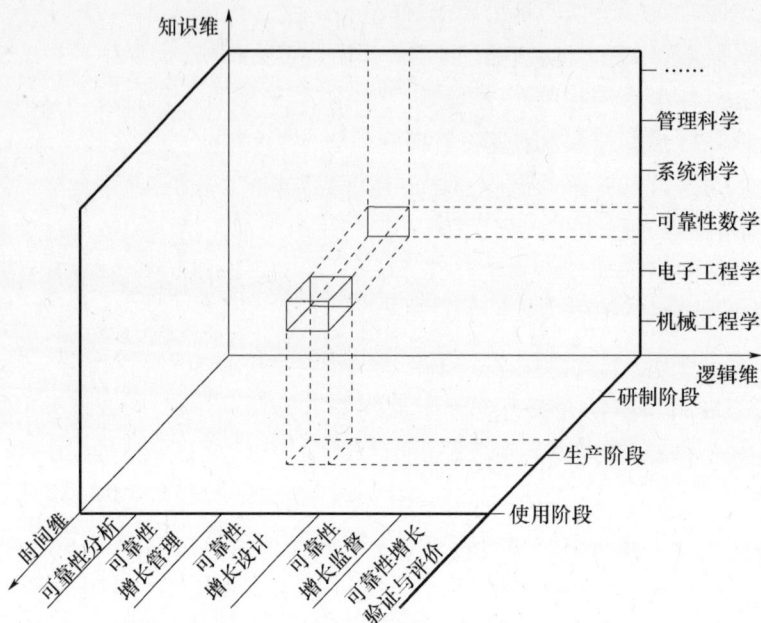

图 1-2 自行火炮可靠性增长体系框架结构

逻辑维是在时间维的基础上,明确自行火炮在各个阶段可靠性增长问题研究所需要的统一逻辑程序,主要包括可靠性分析、可靠性增长管理、可靠性增长设计、可靠性增长工程监督和可靠性验证与评价等逻辑程序。

知识维明确了自行火炮可靠性增长问题研究所需要的知识和技术,包括机械工程学、电子工程学、可靠性数学、系统科学、管理科学等多个方面的知识和技术。

1.5.2 时间维

1. 研制阶段

研制阶段主要进行自行火炮的指标论证、方案设计、工程研制、设计定型等工作。

指标论证主要是通过论证和必要的试验,初步确定自行火炮战术技术指标、总体技术方案以及初步的研制经费、研制周期和保障条件,编制《自行火炮武器系统研制总要求》。

方案设计是根据经批准的《自行火炮武器系统研制总要求》,开展自行火炮武器系统研制方案的论证、验证,形成《自行火炮武器系统研制总要求》。

工程研制主要根据经批准的《自行火炮武器系统研制总要求》进行设计、试制和试验。

设计定型是对自行火炮武器系统的性能、可靠性和使用要求进行的全面考核,以确认其是否达到《自行火炮武器系统研制总要求》和研制合同的要求。

2．生产阶段

生产阶段主要对研制定型的自行火炮进行制造、装配、调试、试验等工作。

3．使用阶段

使用阶段主要是按照计划将生产的自行火炮配发到部队,由部队进行保养、保管、使用、维护,承制方根据要求进行售后服务的过程。

1.5.3　逻辑维

自行火炮可靠性增长问题研究按照可靠性分析、可靠性增长管理、可靠性增长设计、可靠性增长工程监督和可靠性验证与评价等逻辑步骤展开,各个阶段主要工作及衔接关系如图1-3所示。

1．可靠性分析

可靠性分析的主要目的是确定当前自行火炮的可靠性水平,找出自行火炮可靠性瓶颈,确定可靠性增长点,以利于进行自行火炮可靠性改进。

2．可靠性增长管理

可靠性增长管理主要对自行火炮可靠性增长进行管理和控制,主要包括可靠性增长目标、可靠性增长计划和可靠性增长控制等。

3．可靠性增长设计

可靠性增长设计是在可靠性增长计划的指导下,通过自行火炮的设计改进,提高其可靠性,贯彻落实自行火炮可靠性增长计划。

4．可靠性增长工程监督

可靠性增长工程监督是在自行火炮可靠性增长计划的指导下,通过进行工程监督保障可靠性计划落实,主要包括研制、生产和使用三个阶段。

5．可靠性增长管理评价与控制

可靠性增长管理评价与控制是对可靠性增长管理进行评价、计划、跟踪和控制,确定可靠性增长情况和增长管理水平,以利于自行火炮可靠性管理的改进。

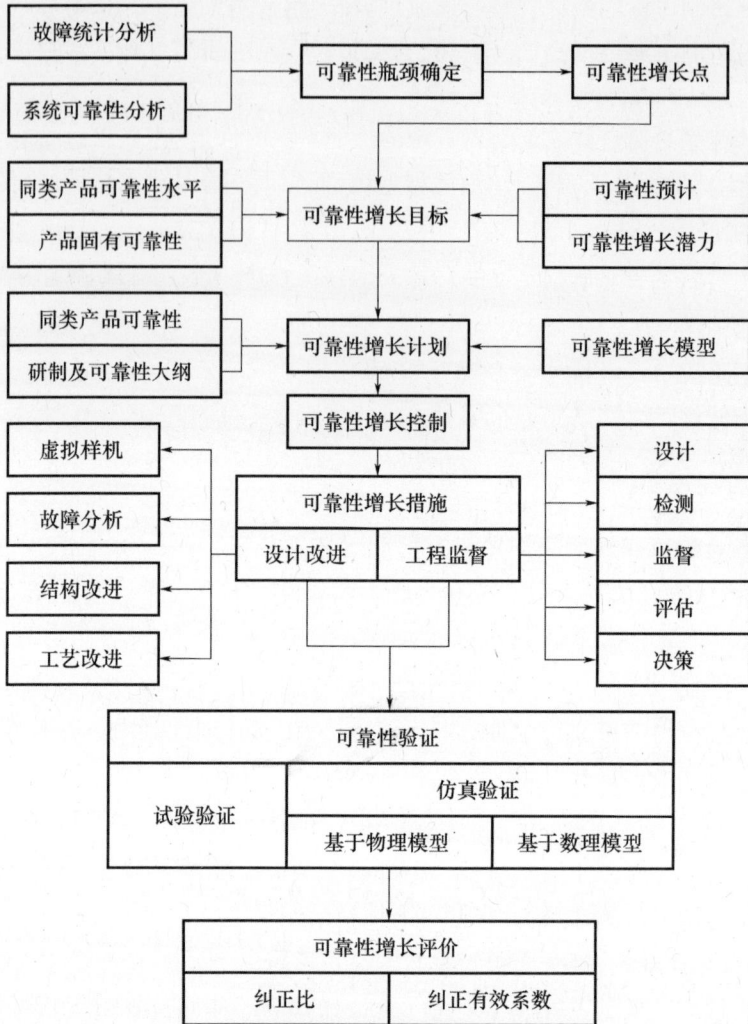

图 1-3 逻辑程序:各阶段主要工作及衔接关系

1.5.4 知识维

知识维是自行火炮可靠性增长各阶段的各个逻辑程序问题解决中所用到的各种知识和技术,这些知识可解决的典型问题描述如下:

(1)机械工程学可用于自行火炮机械类部件的可靠性增长分析和设计改进等方面,为自行火炮可靠性改进提供理论与技术。

（2）电子工程学可用于自行火炮电子类部件的可靠性增长分析和设计改进等方面,为自行火炮可靠性改进提供理论和技术。

（3）可靠性数学可用于自行火炮故障统计分析、可靠性水平验证等方面,进行自行火炮可靠性水平评估。

（4）系统科学可用于自行火炮系统可靠性分析、可靠性增长关键环节确定、系统可靠性优化、可靠性增长组织设计等。

（5）管理科学可用于可靠性增长管理等方面,用于进行可靠性增长计划拟制、可靠性增长控制、可靠性增长组织运行等。

第2章　自行火炮可靠性数据与建模

可靠性数据是自行火炮可靠性分析的基础,通过可靠性数据分析与建模,理清各分系统和自行火炮整体可靠性的关系,估算自行火炮系统的可靠性水平,最终确定自行火炮可靠性增长目标是否得以实现。

2.1　可靠性数据收集

2.1.1　可靠性数据概念

可靠性数据是指在各项可靠性工作及活动中所产生的描述自行火炮可靠性水平及状况的各种信息和数据等,可以是数字、图表、符号、文字和曲线等多种形式。从研制、生产、使用等各个阶段都要收集与分析可靠性数据。可靠性数据可在实验室和现场中得到,主要具有以下特点。

1. 时间性

可靠性一般用"概率"来度量,多是用时间来描述。时间为广义时间,包括工作周期、运行距离、射击发数、摩托小时等。

2. 有价性

可靠性数据的有价性表现在收集的高代价和使用的高价值两方面。一方面,可靠性数据的收集需要花费大量的财力和物力,尤其他是以故障发生时间作为数据,周期长、费用高、代价大;另一方面,经分析和处理的可靠性数据,对可靠性工程具有指导作用。

3. 时效性

产品的可靠性与产品寿命周期各个阶段密切相关。各阶段的可靠性数据只反映了该阶段产品的可靠性,可靠性数据随着时间的变化而不断变化,因而具有时效性。

4. 可追溯性

随着时间的推移,可靠性数据反映了自行火炮可靠性增长过程和趋势,这些数据都具有可追溯性。

2.1.2　可靠性数据收集

没有可靠性数据,就没有可靠性研究,就不可能掌握可靠性的规律性。可靠性数据在自行火炮全寿命周期的不同阶段发挥着不同作用:在研制阶段,收集分析同类零部件的失效数据可以为自行火炮的改进和定型提供科学的依据;在生产阶段,定期抽取样品进行试验,可以动态地反映自行火炮的设计和制造水平,有利于自行火炮质量与可靠性的控制;在使用阶段,收集分析自行火炮的实际使用和维修数据,真实反映自行火炮的可靠性水平,可以为自行火炮的改进和研发提供权威信息。

1. 自行火炮可靠性数据收集的目的

(1) 在自行火炮寿命周期内有效地收集和分析自行火炮的各种数据,为自行火炮的改进和可靠性的提高提供必要的信息。

(2) 根据性能试验和可靠性试验数据,改进自行火炮的设计和制造工艺,提高可靠性,并为新技术的研究、新自行火炮的研制提供信息。

(3) 根据实际使用数据,改进自行火炮维修性,使自行火炮结构合理、维修方便,提高自行火炮的质量与可靠性。

(4) 根据可靠性数据预测系统的可靠性和维修性,开展系统的可靠性和维修性设计。

(5) 根据可靠性数据进行自行火炮可靠性分析及参数评估。

可靠性数据收集和分析的根本目的是为了减少故障发生,查明故障机理并针对所发生的故障模式采取必要的预防措施。

2. 自行火炮可靠性数据收集的任务

自行火炮从研制、生产到投入使用,不同的阶段有不同的可靠性数据收集和分析任务。

(1) 在设计阶段进行可靠性增长试验时,根据试验数据对可靠性参数进行评估,分析发生故障的原因,找出最薄弱的环节,提出改进方案,以求自行火炮可靠性的逐步增长。

(2) 在试生产阶段,根据可靠性试验结果,评估可靠性水平是否达到设计要求。

(3) 在生产阶段,根据验收试验评定自行火炮的可靠性,检验生产工艺水平能否达到自行火炮要求的可靠性。

(4) 在部队使用初期,注重现场可靠性数据的收集与分析,找出自行火炮出现故障的主要原因并加以改进,加强可靠性管理,降低自行火炮的早期故障率。

(5) 在自行火炮使用中,定期对自行火炮进行可靠性分析与评估,最终使自行火炮达到用户的要求。

在自行火炮寿命周期的不同阶段,根据可靠性数据收集和分析的目的,制定可靠性工作的任务,获取所需要的可靠性数据和结果,为可靠性工作的开展奠定基础。

3. 自行火炮可靠性数据收集的要求

可靠性数据要尽量满足自行火炮寿命周期内不同阶段的不同需求。为了保证收集的可靠性数据具有可用性,需要做到:

(1) 数据真实。只有依据真实的可靠性数据记录和描述,才能准确进行可靠性分析。不论是试验数据还是现场数据都必须能够真实反映自行火炮实际状况,特别是对自行火炮故障的描述,应针对具体自行火炮,对其发生故障的时间、原因、故障现象、造成影响和处理措施均应有明确的记录。

(2) 记录连续。连续的可靠性数据记录能够反映自行火炮可靠性的趋势,其中最重要的是自行火炮在工作过程中所有事件发生的时间记录以及对所经历过程的描述。在对自行火炮实行可靠性监控和信息的闭环管理时,连续性更是对数据的基本要求。

(3) 信息完整。在可靠性工程中,要求所记录的数据尽可能完整,即对每一次故障或维修事件的发生,包括出现故障的自行火炮本身的使用状况、履历及送修、报废等都记录清楚,以便对自行火炮可靠性进行全面分析,也利于更好地制定改进及维护措施。

为了达成可靠性数据收集的有效性,数据收集要具有全面性、合理性和方便性。全面性,指尽量利用整个过程的各个信息,记载的项目全面,内容详细;合理性,指能准确记载自行火炮的工作条件、工作时间和故障情况,记录的信息合理地反映客观现实;方便性,指为收集数据设计的报表便于记载、分类、查找、统计、分析和保存。

4. 自行火炮可靠性数据收集的内容要素

自行火炮可靠性数据收集内容主要包括以下要素:

(1) 收集对象,例如自行火炮、系统、材料、零部件等具体事项。

(2) 环境影响,例如温度、湿度、工作环境等影响。

（3）使用条件,例如应力大小、人机界面、维修情况及效果等条件。

（4）失效状况,例如故障性质、失效时间、寿命数据等信息。

可靠性数据存在于自行火炮寿命周期的各个阶段,贯穿其研制、生产、试验、使用、维护的整个过程。它包括:设计阶段进行的可靠性试验和评审报告;生产阶段的可靠性验收试验、加工制造、装配调试、检验记录,元器件、原材料的筛选验收记录等。

自行火炮可靠性数据收集格式,如表 2 - 1 所示。

表 2 - 1　×××产品故障统计及分析

故障日期	故障件名称	代号	编号	研制阶段	所装车型	故障模式类型	故障模式	对上级单元影响	原因分类	故障类型	故障发生时机	运转时间或里程	单位	故障描述	故障原因	解决措施	验证情况	故障等级	附件	照片	备注

5. 可靠性数据收集的方式

可靠性数据的来源主要包括试验过程和使用现场。在研制过程中,许多性能试验中出现的故障,也可以作为可靠性数据进行收集,以便降低可靠性试验成本,增加可靠性数据来源。可靠性数据收集主要有以下几种方式:

（1）直接收集法。即由可靠性设计或管理人员亲自动手直接收集。此法精度高,成本也高。

（2）调查表法。即把要收集的内容制成调查表发给用户,由使用者填写后寄回。此法简单、成本低;但回收率不高,精确率也有问题。

（3）定期反馈法。即在自行火炮配置部队、专业维修厂家、技术服务网点建立使用档案,定期反馈故障数据和失效规律。此法成本低但精度不高。

（4）可靠性试验法。即为了评价和验收自行火炮的可靠性,有意识有计划地组织一些试验,从而取得必要的试验数据。此法效果好,但成本最高。

2.1.3 可靠性试验数据

自行火炮可靠性是设计出来的,但必须通过试验来验证。通过可靠性试验暴露设计中可能存在的问题,并加以改进,使可靠性逐步增长,最终达到预定的可靠性水平。

实验室得到的试验数据是在受控条件下,有计划地从可靠性试验中得到的数据,其原理就是在规定的工作条件下,将各种工作模式及应力按照一定时间关系,按一定循环次序反复施加到受试自行火炮上,经过数据分析和处理,将信息反馈到研制、生产和管理部门进行改进,从而提高自行火炮的固有可靠性。

实验室的可靠性试验不同于一般的功能试验或现场试验,它具有破坏性项目多、试验时间长、试验条件设定困难、样本数量较大、重视故障分析等特点。当然,在自行火炮寿命周期的各个阶段,通过实验室的可靠性试验数据来检验分析自行火炮的可靠性,还要与自行火炮的可靠性设计、生产制造技术和各种试验方法相配合,才能得到理想的效果。

可靠性试验是指为了验证自行火炮在规定时间内、规定使用条件下,能否实现规定功能而进行的试验的总称。可靠性试验按破坏性质分成破坏性试验和非破坏性试验。破坏性试验是指试验实施后,会改变自行火炮使用价值的试验,或者使自行火炮受到破坏的试验。非破坏性试验是指试验完成后,不改变自行火炮使用价值的试验。例如,超声探伤试验、X 射线透视试验、显微技术试验等。破坏性试验一般可分为寿命试验和加速寿命试验,非破坏性试验包括全数试验和抽样试验。

1. 寿命试验和加速寿命试验

狭义的可靠性试验主要是指寿命试验,寿命试验是一种重要的可靠性试验形式。通过寿命试验可以获得诸如失效率、平均寿命等可靠性特征量,以此作为可靠性预计、制定筛选条件、进行可靠性鉴定、改进产品质量的依据。加速寿命试验是为了缩短试验时间而按更严厉的条件(包括工作应力)开展的对自行火炮的可靠性试验,从理论上应该按实际使用条件来进行试验分析和评价。但由于时间和经济上的原因,总希望在较短的时间内用较少的费用得到合理满意的试验结果。加速寿命试验的基本方法是利用加大应力(诸如热应力、电应力、机械应力等)的方法来加速失效,缩短试验时间,运用加速寿命的方法来估计自行火炮在正常工作应力下的可靠性特征值。加速寿命试验的方法很多,但其前提是不改变故障的基本机理和模式,通过强化使用条件进行试验来外推寿命。

如果改变了失效机理,就无法外推自行火炮寿命,这样的试验就毫无意义。加速寿命试验在严苛条件下观察到的寿命值(或故障率)同正常条件下观察到的寿命值(或故障率)之间有一定的规律性,利用此种规律性可以剔除可靠度低的零件,预测正常条件下的寿命(或故障率)并确定自行火炮或零部件的安全裕度。

2. 全数试验和抽样试验

全数试验是针对所有产品进行试验。抽样试验是为了节省可靠性试验的工作量,从整批产品中抽取一部分作为样本进行可靠性试验,并根据样本的试验结果判断全部自行火炮可靠性的试验方式,是一种经济可行的科学方法。它既可在一定程度上反映整批自行火炮的可靠性水平,又能减少时间、费用和工作量。

2.2　基于可靠性图形分析的自行火炮可靠性数据分析

可靠性数据贯穿于自行火炮的研制、生产、试验和使用维护等全寿命周期的各个阶段,在研究自行火炮的可靠性水平或可靠性增长时,需要进行可靠性数据收集与分析。

可靠性统计分析按数学方法进行归类,大致可以归纳成数值分析法和图形分析法两大类。数值分析法主要运用概率统计数学方法分析数据,本书不作详细介绍。图形分析法采用直观的图形来进行分析,直观易懂、使用方便,适用于可靠性数据的初步分析。在工作中,建议采用图形分析与数值分析相结合、定性分析与定量分析相结合的方法。可靠性数据的图形分析主要有故障数据的排列图分析、因果图分析、直方图分析和概率图分析等。

2.2.1　排列图分析

排列图又称为巴雷特图或主次分析图,是一种分析、查找影响质量与可靠性的主要因素的直观图表,用于发现所谓关键的少数和次要的多数的关系。将此种方法用于可靠性数据原因分析,可得到失效的主要原因及次要原因,并进行主要故障模式分析、故障责任分析等。

排列图的基本形式如图 2 - 1 所示,它共有两个纵坐标和一个横坐标,若干个直方图和一条由左向右逐步上升的折线。左边的纵坐标表示频数(如失效故障数等);右边的纵坐标为频率(用百分比表示);横坐标表示影响故障的各个原因,按影响的大小从左到右排列。直方图的高度表示某一原因影响的大小,折线表示各影响原因大小的累积百分数,这条折线又称巴雷特曲线。在排列图中,通常按累计百分数把影响原因根据重要程度分为 A、B、C 三级。

A 级:在排列图中占比例最大,约占累计频率的 70% ~ 80%,是引起失效的主要因素。

B 级:在排列图中比例很小,除去 A 级的所占频率,占剩余累计频率的 95%,是次要因素。

C 级:在排列图中比例最小,是除去 A、B 级剩余的部分因素。

图 2 - 1 中前三项占 71%,为 A 级项目,应对这些项目予以重视。对占 40% 的第一项,应特别给予重视。应用主次图时,项目不宜过多,可把不重要项目列为其他项,并排在最后,要主要项目突出。排列分析图的优点是简单明了,可用于故障分析的各个方面,所以在可靠性数据分析和质量管理中经常用到。进行可靠性数据分析时,对主要因素的分析是研究重点。排列图对 A 类因素的确定,为可靠性数据分析确定失效的主要矛盾提供了依据和方法。

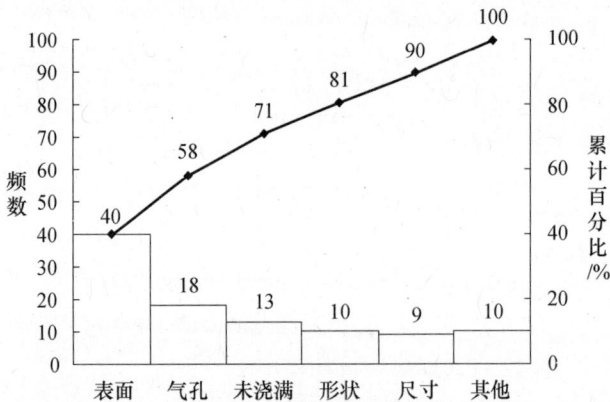

图 2 - 1　铸造缺陷主次图

2.2.2　因果图分析

因果图是分析故障原因的常用方法,又称为鱼刺图。通过制作因果图是寻找产生故障原因的一种有效方法。一个失效问题的产生,往往不是一种或两种原因所导致的,常常是复杂因素综合影响的结果。自行火炮故障因果图以某种故障现象作为结果,以导致自行火炮发生故障的诸因素作为原因,绘出图形。首先从分析对自行火炮故障影响大的原因出发,进而寻找中原因、小原因和更小的原因,层层深入分析研究,在错综复杂的故障原因中,查明和确定主要原因,从而对症下药,采取有效措施解决问题。因果图就是用箭头表示小原因、中原因、大原因的某种结果之间因果关系的图形。

因果图中树干导致的结果是故障,各大树枝上的原因都是造成故障的原因,而大树枝上的原因又是小树枝上所列原因造成的。绘制因果图时应当注意:

(1)所要分析的故障应提得尽量具体,一种故障应绘制一张因果图。

(2)作图时除主要设计、试验人员外,还应吸收相关人员的意见,特别是现场人员的意见,尽可能深入细致地进行分析。

(3)各种原因归类要合理恰当,对分析出的主要原因做出标记,通过试验进行验证并到现场调查后提出改进措施、制定对策并检查实施效果,这样的因果图分析才是提高自行火炮可靠性的有效工具。

例如,利用因果图方法分析闩体卡滞的原因时,首先从大的原因方面来考虑,主要包括人、机、料、法、环五个方面,进而再考虑每一个方面的具体原因,最终形成闩体卡滞原因分析鱼刺图,如图 2 - 2 所示。

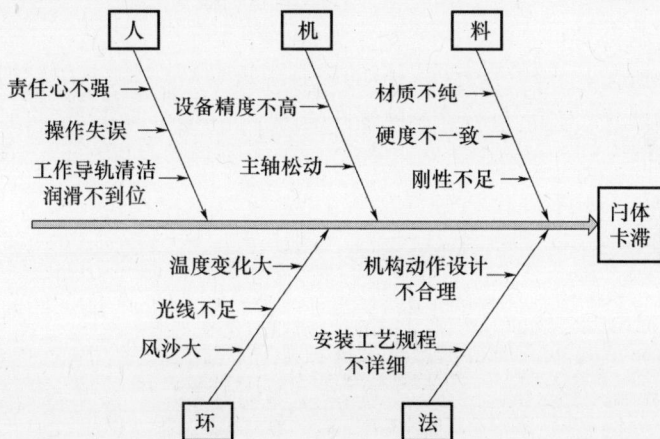

图 2 - 2   闩体卡滞原因分析鱼刺图

2.2.3   直方图方法

直方图也称质量分布图、矩形图、柱形图、频数图。它是一种用于工序质量控制的质量数据分布图形,适用于对大量可靠性数据进行整理加工,找出其统计规律,也就是分析可靠性数据分布的形态,以便对其整体的分布特征进行推断。

直方图是将测量所得到的一批数据按大小顺序整理,并将其划分为若干个区间,统计各区间内的数据频数,把这些数据频数的分布状态用直方形表示的图表。通过对直方图的研究,可以探索可靠性分布规律。直方图的基本格式如图2－3所示。

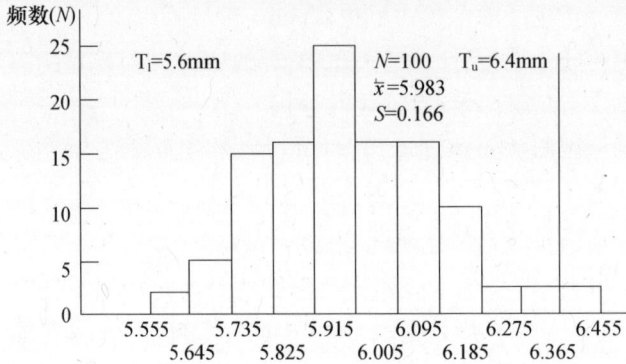

图2－3　直方图基本格式

在一般情况下,频数直方图图形的中心附近最高,而越向左右则越低,多呈左右对称的形状。实际上形成各种各样的图形,具体分为正常型、孤岛型、双峰型、折齿型和陡壁型等形状。

1. 正常型直方图

正常型直方图是最为常见的图形,其特点是中心附近频数最多,离开中心则逐渐减少,呈现左右对称的形状。当一种自行火炮处于稳定期时,自行火炮合格率的分布情况应该呈现出正常型的特点,接近于正态分布。正常型直方图如图2－4所示。

2. 孤岛型直方图

孤岛型直方图的特点是在直方图的左端或者右端出现分立的小岛。当工序中有异常原因,例如在短期内由不熟练的工人替班加工,或者是测量有了系统性的错误时,会产生孤岛型直方图。孤岛型直方图如图2－5所示。

3. 双峰型直方图

双峰型直方图的特点是分布中心附近频数较少,左右各出现一个山峰形状。造成这种结果的原因可能是:观测值来自两个总体,进而产生了两个分布,说明数据分类存在问题;或者是两个自行火炮数据混在了一起,这时应当再加以分层,然后再画直方图。双峰型直方图如图 2-6 所示。

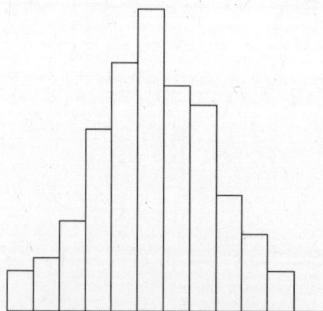

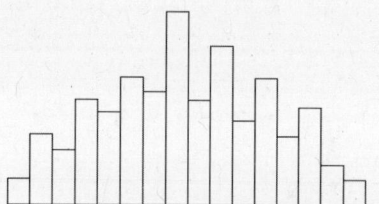

图 2-4 正常型直方图   图 2-5 孤岛型直方图

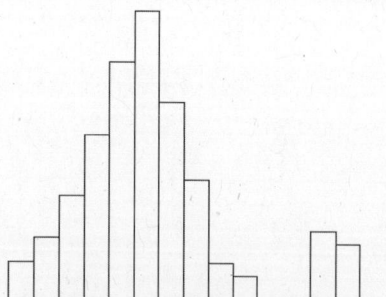

4. 折齿型直方图

折齿型直方图的特点是在区间的某一位置上频数突然减少,形成折齿形或者梳齿形。造成这种结果的原因可能是:由于数据分组太多,或者测量误差过大,或者观测数据不准确所导致,应重新进行数据的收集和整理。折齿型直方图如图 2-7 所示。

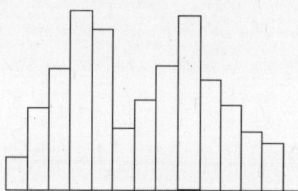

图 2-6 双峰型直方图   图 2-7 折齿型直方图

5. 陡壁型直方图

陡壁型直方图的特点是直方图平均值偏离中心靠近一侧,频数多集中于同一侧,而另一侧则逐渐减少,形成一侧较陡、左右非对称的图形,如图 2-8 所示。当自行火炮可靠性较差时,为了得到合格的自行火炮,需要进行全数检查,以便剔除不合格品。当以剔除不合格品以后的自行火炮数据频数作直方图时,就会产生陡壁型直方图,这是一种非自然形态的直方图。

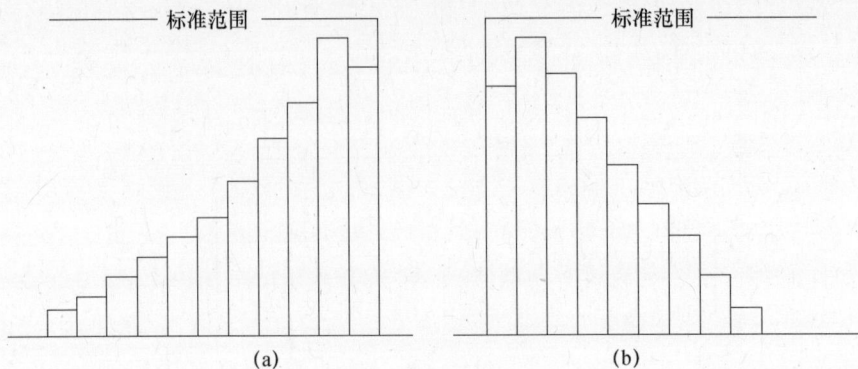

图 2 - 8　陡壁型直方图

2.2.4　概率图分析

概率图分析法就是使用各种概率坐标纸进行分析。这种方法的优点是简单、方便和直观,缺点是精度低。

概率坐标纸是一种特殊设计的坐标纸,它与普通坐标纸不同。不同的概率分布数据在普通坐标纸上描绘出的图形是不同形状的曲线,而在对应的概率坐标纸上作图是一条直线。这是因为概率纸的坐标刻度是不均匀的,制作时的原则是进行适当的坐标变换,使在原坐标系中呈曲线的累计概率分布函数在变换后的概率坐标中呈直线形。常用的概率坐标纸有指数分布概率纸(半对数坐标纸)、正态分布概率纸、对数正态分布概率纸、威布尔分布概率纸和极值概率纸。

一般概率纸的横坐标表示观测到的数值,纵坐标表示累积分布函数值,即累计失效概率。应用概率图法进行分析前,先要把收集到的数据画在概率纸上,并作出经验分布曲线,其步骤和方法如下:

(1) 观测数值排序。将一组观测到的数值按照由小到大的次序排队为 $t_1 \leqslant t_2 \leqslant \cdots \leqslant t_n$。

(2) 对应累计分布函数 $F(t_i)$,选用累计分布函数有多种,常用的公式为平均秩:

$$F(t_i) = \frac{i}{n+1} \tag{2-1}$$

中位秩:

$$F(t_i) = \frac{i-0.3}{n+0.4} \tag{2-2}$$

32

众数：

$$F(t_i) = \frac{i - 0.5}{n} \tag{2-3}$$

式中,i 表示第 i 个数据。注意此处的中位秩为近似值,实际应用时应查中位秩表。上述三个公式在 n 比较大时,数值十分接近,但当 $n \leqslant 20$ 时,宜选平均秩。

（3）绘点画线将数据点 $(t_1, F(t_1)), (t_2, F(t_2)), \cdots, (t_n, F(t_n))$ 依次画在相应的概率纸上,并连接成分布曲线,如图 2-9 所示。

（4）分析分布曲线。如果在正态概率纸上,该线近似于直线,则母体为正态分布;如果在威布尔概率纸上,该线近似于直线,则母体为威布尔分布;如果在该概率纸上不近似呈条直线,则数据可能不属于该分布,或其他不正常原因,需仔细查找才能作出判断。

（5）进行点估计。根据各概率分布概率纸的特性可以进行均值、方差以及分布函数的参数估计。

（6）置信区间估计。根据百分位秩,可以得到 $F(t_i)$ 的置信上限 $U(t_i)$ 和置信下限 $L(t_i)$,连接 $(t_1, U(t_1)), (t_2, U(t_2)), \cdots$ 和 $(t_1, L(t_1)), (t_2, L(t_2)), \cdots$,可以得到分布函数曲线 $F(t_i)$ 的置信上限曲线 $U(t)$ 和置信下限曲线 $L(t)$。这两条曲线类似于双曲线,两条曲线之间的带形域则构成该分布的置信区间,如图 2-10 所示。

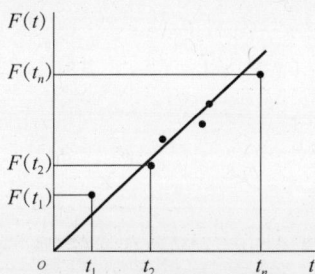

图 2-9　故障数据的概率图　　　图 2-10　曲线置信区间

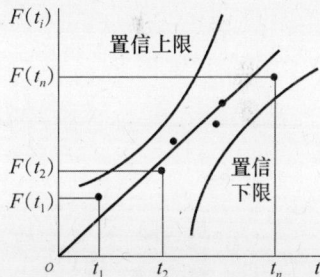

2.2.5　系统可靠性统计分析实例

统计某自行火炮自 2009 年设计定型以来,累计出现故障 544 次。按故障发生的来源分类分析:生产制造问题 221 项,占 41%;部队使用问题 302 项,占 55%;日常维护发现的问题 21 项,占 4%,如图 2-11 所示。按故障性质分类分析:设计问题 178 项,占 33%;生产问题 208 项,占 38%;操作使用问题 115 项,占 21%；管理问题 43 项，占 8%，如图 2－12 所示。按照主要统计故障模式 25 个，主要故障模式占比如图 2－13 所示。

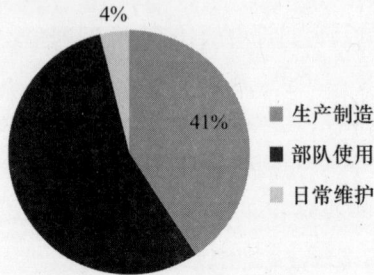

图 2－11　按故障来源分类图

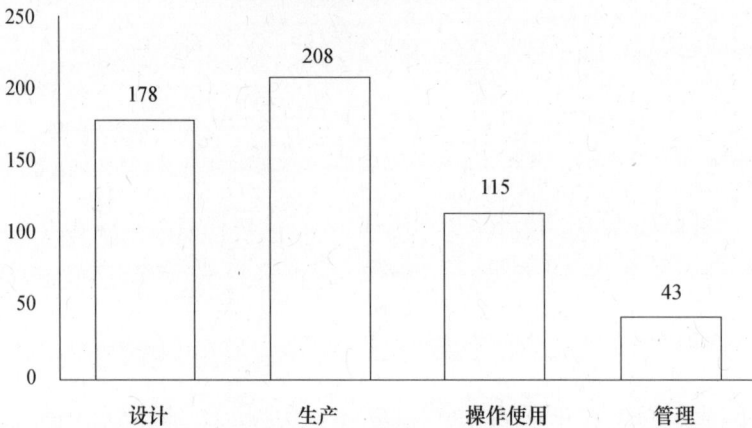

图 2－12　按故障性质分类图

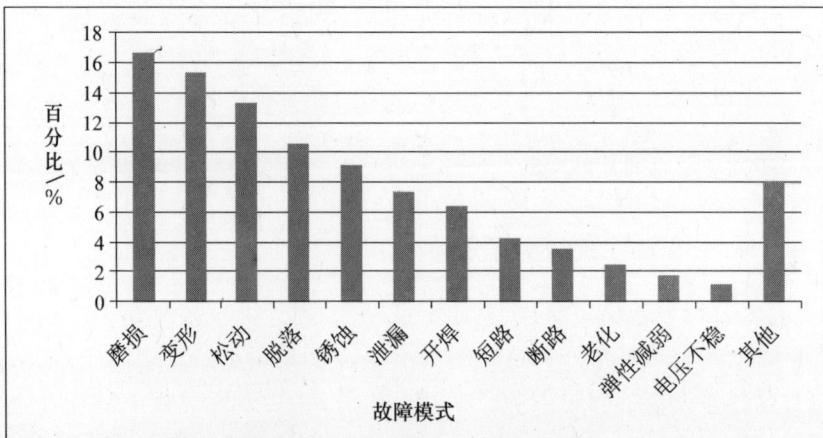

图 2－13　主要故障模式占比直方图

1. 生产过程中故障统计

生产过程中火力分系统的 25 个主要部件,累计出现故障 214 次,各部件产生故障分布见图 2 - 14,故障原因统计见表 2 - 2。

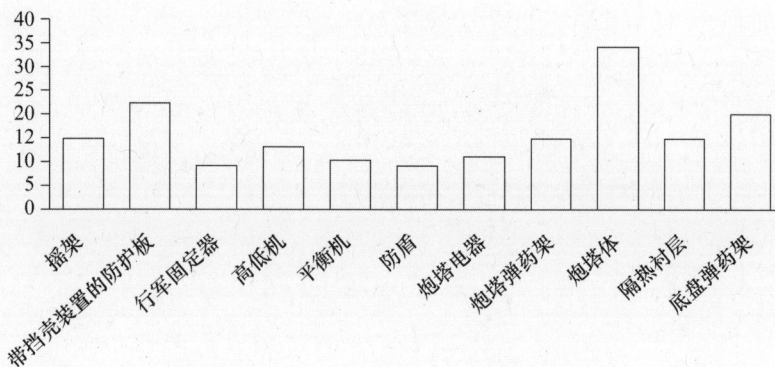

图 2 - 14　生产过程中部件故障数量直方图

表 2 - 2　故障原因统计表

故障类型	次数	故障类型	次数
设计	91	锈蚀腐蚀	8
加工	33	管理	47
装配	35		

2. 操作使用过程中的故障统计

对首批装备在部队实弹演习和训练中故障进行统计,得到火力分系统在操作使用过程中发生故障分布情况,如图 2 - 15 所示,故障原因统计见表 2 - 3。

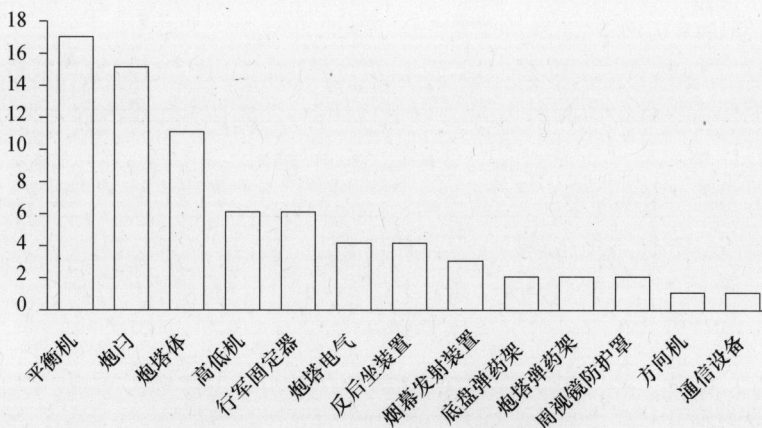

图 2 - 15　使用过程中部件故障数量直方图

表 2-3　故障原因统计表

故障类型	次数	故障类型	次数
设计	18	使用维护	8
加工	8	管理	3
装配	7		

依据故障的统计情况,从设计、加工、装配、使用维护、管理等方面对故障进行分类分析,综合直方图分析结果,确定首批装备火力分系统可靠性增长点为平衡机、炮闩、炮塔体、高低机、行军固定器等。

2.3　基于可靠性框图的自行火炮可靠性建模

对自行火炮可靠性进行建模,定量评估自行火炮可靠性水平,查找自行火炮系统可靠性薄弱环节,为可靠性增长提供依据。

2.3.1　可靠性框图概念

可靠性框图(RBD)是一种用图形的方式显示系统所有成功或故障的组合,从可靠性角度出发研究系统、分系统和部件的逻辑关系,并依靠方框和连线的布置,绘制出系统的各个部分发生故障时对系统功能特性的影响。根据建模目的可分为基本可靠性模型和任务可靠性模型。

基本可靠性模型是用以估计产品及其组成单元可能发生的故障引起的维修以及保障要求的可靠性模型。由于该模型对系统每个单元发生的故障都要进行维修,因此是一个大的串联模型,即使是冗余单元,也都按照串联处理。显而易见,储备单元越多,系统的基本可靠性越低。

任务可靠性模型是用以估计产品在执行任务过程中完成规定功能的概率,描述完成任务过程中产品各单元的预定作用并度量工作有效性的一种可靠性模型。其体现的是对任务完成的可靠度,故系统中对某一单元的冗余数越多,该分单元可靠性也就越大。

任务可靠性框图可按照如下方式作出:
(1)对于系统性能或系统任务所必需的一组部件按串联关系画出。
(2)能替换其他部件的部件用并联画出。
(3)图中每个模块就像一个开关,当表示部件工作时为闭合状态,而当部件故障时为断开状态。

2.3.2　可靠性框图编制程序

可靠性框图编制可按以下程序展开：

1.任务功能分解

要建立系统可靠性模型，首先进行系统任务分析和结构功能分解。任务分析和结构功能分解的目的是要明确系统的全部任务，对每一个任务确定任务过程、划分任务阶段、确立硬件和软件的运行功能、成功标准、任务周期数、环境应力、工作时间、工作模式；对系统结构进行适当的划分，分解为若干分系统。因建立可靠性模型和进行可靠性预测的工作是从系统方案论证阶段就开始的，所以任务分析与结构功能分解也应从方案论证阶段开始，并随着产品可行性分析、初步设计、详细设计阶段的向前推移，诸如环境条件、设计结构、应力水平等方面的信息也越来越多，任务分析、结构功能分解也应不断充实和细化，从而保证可靠性模型和预计结果的精确程度不断提高。任务分析与结构功能分解包括以下 6 个步骤：

（1）确定系统的全部任务。一个复杂系统往往具有多种功能，即有不同的用途，可以完成若干不同的任务。

（2）任务阶段的划分。对每一个任务，按照时间顺序将任务分成若干阶段。

（3）结构分解。按照实际的分系统进行分解，这样便于分系统的进一步分解。这是系统可靠性分析的第一步，可将系统包括的分系统列成一个表。

（4）环境分析。要把每一个任务阶段里的每一个硬件在环境（如温度、振动、冲击、辐射等）应力中预期所处时间列成表，对环境要有准确的描述。

（5）任务周期分析。要反映每个任务阶段系统中每个组成单元的状态（工作的、不工作的、间歇工作的），包括：任务阶段的持续时间、距离、周期数等；各单元在每一任务阶段里必须完成的功能是什么，并包括成功标准或故障标准的说明；在各个任务阶段里每一状态（工作、不工作、间歇工作）总的预期时间、周期等。

（6）确定工作模式。系统工作模式一般有功能工作模式和替换工作模式两种。功能工作模式：有些多用途产品需要用不同设备或机组完成多种功能；替换工作模式：当产品有不止一种方法完成某一种特定功能时，它就具有替换工作模式。

以上任务分析和结构功能分解的内容在开展具体研究时可通过建立一些

表格来进行,根据这些表的信息来建立可靠性模型。这些信息是开展可靠性分析工作的基础。

2. 建立系统可靠性模型

在对系统进行任务分析和功能分解的基础上,常见的典型系统可靠性模型和计算方法如下:

1)串联系统模型

组成系统的所有单元中任何一个单元的故障均会导致整个系统的故障称为串联系统。串联系统模型是最常见和最简单的模型之一,如图 2 - 16 所示。

图 2 - 16　串联系统模型

系统可靠度:

$$R_s(t) = \prod_{i=1}^{n} R_i(t) \qquad (2-4)$$

式中,n 为一组成系统的单元数。

当各单元的寿命分布为指数分布时,即

$$R_i(t) = e^{-\lambda_i(t)} \qquad (2-5)$$

则系统可靠度为

$$R_s(t) = e^{-\lambda_s(t)} \qquad (2-6)$$

系统的失效率为各单元失效率之和,即

$$\lambda_s = \sum_{i=1}^{n} \lambda_i \qquad (2-7)$$

系统的平均无故障间隔时间(MTBF)为

$$\mathrm{MTBF}_s = \frac{1}{\lambda_s} \qquad (2-8)$$

当串联系统中各单元的寿命为指数分布时,系统的寿命也为指数分布。

2)并联系统模型

组成系统的所有单元都发生故障时系统才发生故障称为并联系统,它是最简单的冗余系统。设置了并联的冗余系统后,系统在执行任务时的可靠性提高了,即当并联系统中的某个单元发生故障后,并联的冗余单元仍然可以完成规定的功能。并联系统模型如图 2 - 17 所示。

系统可靠度:

$$R_s(t) = 1 - \prod_{i=1}^{n} \left[1 - R_i(t) \right] \qquad (2-9)$$

当各单元的寿命分布是指数分布时,并联系统的可靠度为

$$R_s(t) = 1 - \prod_{i=1}^{n} \left(1 - e^{-\lambda_i(t)} \right) \qquad (2-10)$$

系统的平均无故障间隔时间(MTBF)为

$$\text{MTBF}_s = \int_0^{\infty} R_s(t)\,\mathrm{d}t \qquad (2-11)$$

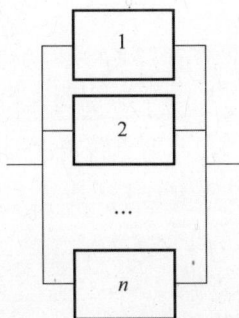

图 2 - 17　并联系统模型

对于常用的两单元并联系统,有

$$\lambda_s(t) = \frac{\lambda_1 e^{-\lambda_1(t)} + \lambda_2 e^{-\lambda_2(t)} - (\lambda_1 + \lambda_2) e^{-(\lambda_1+\lambda_2)(t)}}{e^{-\lambda_1(t)} + e^{-\lambda_2(t)} - e^{-(\lambda_1+\lambda_2)(t)}} \qquad (2-12)$$

$$\text{MTBF}_s = \frac{1}{\lambda_1} + \frac{1}{\lambda_2} - \frac{1}{\lambda_1 + \lambda_2} \qquad (2-13)$$

注意,此时并联系统的失效率已不再是常数。

3)混联系统模型

在实际的自行火炮系统中,往往既有串联,也有并联,即为串联与并联的混合模型,如图 2 - 18 所示。

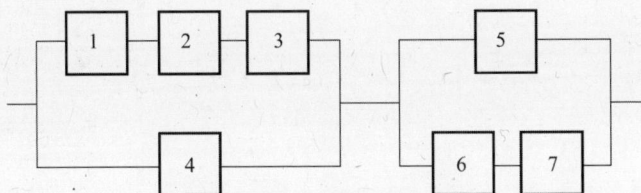

图 2 - 18　混联系统模型

混联系统可靠度的计算方法如下:

$$\begin{cases} R_{s1} = R_1 R_2 R_3 \\ R_{s2} = R_6 R_7 \\ R_{s3} = R_{s1} + R_4 - R_{s1} R_4 \\ R_{s4} = R_{s2} + R_5 - R_{s2} R_5 \end{cases} \qquad (2-14)$$

系统可靠度为

$$R_s = R_{s3} R_{s4} \qquad (2-15)$$

2.3.3 某型自行火炮系统可靠性框图建立

1. 自行火炮基本部件分解

以某型自行火炮为例,对系统可靠性进行分析。某型自行火炮系统构成如图 2－19 所示。

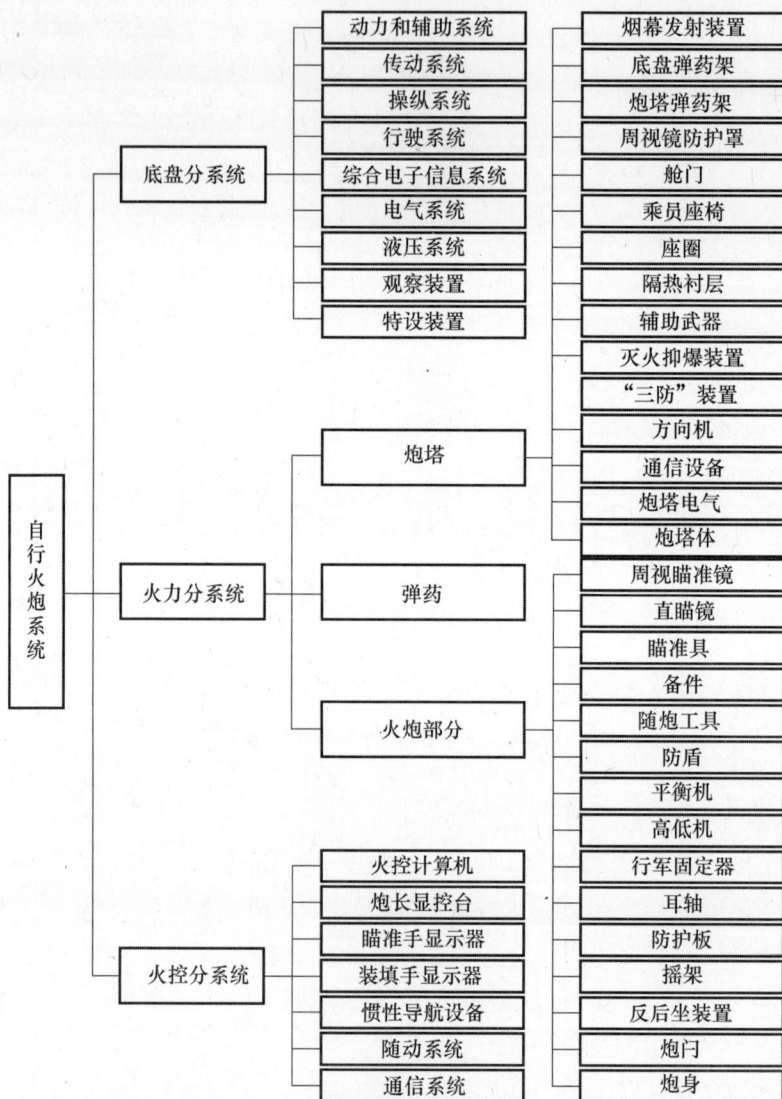

图 2－19　某型自行火炮系统构成图

2. 自行火炮可靠性框图建立

通过进行系统故障分析,剔除故障率极低的因素,运用 2.4 节的可靠性框图方法,构建自行火炮基本可靠性框图模型,如图 2-20 所示。

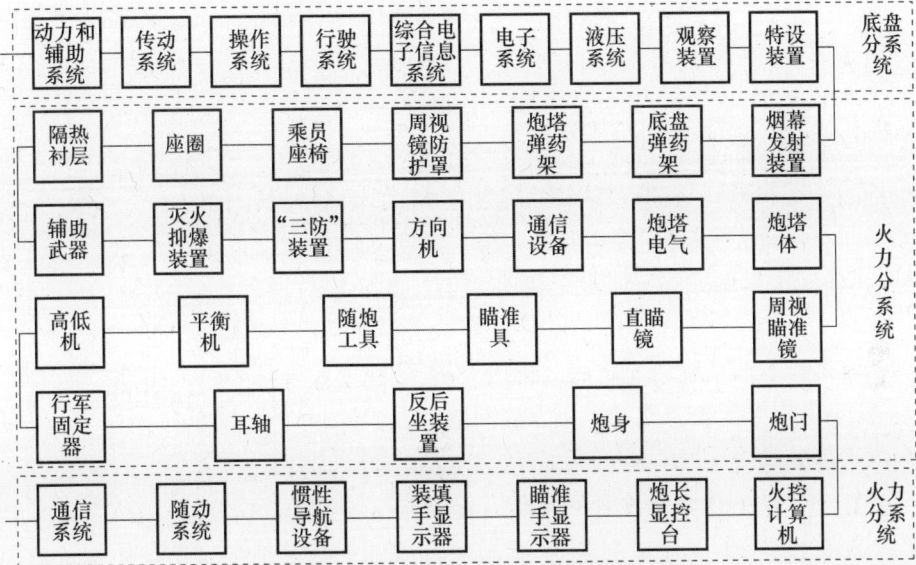

图 2-20 某型自行火炮基本可靠性框图

2.4 基于 GO 法的自行火炮可靠性建模

GO 法的基本思想是在 20 世纪 60 年代中期由美国 Kaman 科学公司最先提出应用于安全性的一种图形演绎分析方法,现已广泛应用到系统可靠性的分析上。GO 法主要用于运行时具有复杂时序或系统状态随时间变化的系统,它以成功为考虑问题的出发点,通过 GO 符号可直接从原理图转换为 GO 图,并通过 GO 运算分析系统各种状态的发生概率来评估系统的可靠度或可用度。GO 法可以与可靠性框图模型相结合使用,即在系统级可靠性分析中采用可靠性框图模型,而在部件级可靠性分析上采用 GO 模型。

采用 GO 图描述系统通常有如下假设:系统为连贯的,每个部件都与系统相连,无单独的部件;系统为两状态,即成功和失败;不同部件的寿命是相互独立的;部件可以是有一定修理时间的可修部件;部件修理完成后,恢复如新的状态。

2.4.1 基本概念

1. 名词术语和符号

GO 法分析的主要步骤是建立 GO 图和进行 GO 运算,而操作符和信号流是其中的两大要素。

1)操作符

系统中的部件、设备或子系统可统称为单元,在 GO 法中用操作符代表。操作符的属性有类型、数据和运算规则。类型(Type)是操作符的主要属性,反映了操作符所代表的单元功能和单元输入、输出之间的逻辑关系。

GO 图中常见操作符的定义和计算方法如表 2 - 4 所列。

2)信号流

信号流表示系统单元之间的连接关系,单元的输入信号代表单元之前的分系统,输出信号代表单元和该单元前面的分系统,信号的成功状态概率 P_C 即为其代表部分的可用度。

2. GO 法运用中应注意的问题

在得到系统的 GO 模型后,根据系统运行的时序,得到终止信号在各时间点上的存在概率,对系统的设计进行评估,如考察系统按指定的时序操作是否可以达到时间的成功概率要求,如不满足要求是否需要更改设计、选用可靠度更高的部件或改变系统运行的时序等。

表 2 - 4 GO 图中常见操作符的定义和计算方法

序号	名称	符号	含义	输出信号概率计算方法
1	两状态部件	$S \rightarrow (1) \rightarrow R$	用来对一个"好/坏"两状态的部件建模	$R(t) = P_g S(t)$
2	或门	$S_1, S_2, S_3 \rightarrow (2) \rightarrow R$	或门包含多个输入和一个输出,输出信号的存在概率是至少有一个输入存在的概率	$R(t) = 1 - \prod_{i=1}^{n} [1 - P(S_t)]$
3	信号发生器	$\triangleright 3 \rightarrow R$	在一个时间点发生信号,也可以产生连续的信号	—

（续）

序号	名称	符号	含义	输出信号概率计算方法
4	有信号导通阀门	$S \to (4) \to R$，P 分支输入	包括一个主输入、一个分支输入和一个输出信号，通常用来对通常情况下关闭状态，在分支输入信号作用下打开的阀门进行建模	$R(t)=S(t)O(t)$ $\begin{cases} O(t_1)=P_p \\ O(t)=O(t')+[1-O(t')]P(t)P_g \end{cases}$ 其中，$O(t')$ 为阀门在 t 时刻之前处于开状态的概率，t_1 为初始点。
5	有信号关断阀门	$S \to (5) \to R$，P 分支输入	包括一个主输入、一个分支输入和一个输出信号，用来对通常处于打开状态，在分支输入信号的作用下关闭的阀门进行建模	$R(t)=S(t)O(t)$ $\begin{cases} O(t_1)=1-P_p \\ O(t)=O(t')[1-P(t)P_g] \end{cases}$ 其中，$O(t')$ 为阀门在 t 时刻之前处于开状态的概率。
6	与门	$S_1, S_2, S_i \to (6) \to R$	包含多个主输入和一个输出，输出信号的存在概率是所有输入都存在的概率。	$R(t)=\prod_{i=1}^{m}P(S_i)$
7	部件启动故障	$S \to (7) \to R$，P 分支输入	对部件在分支信号作用下启动时的故障状态进行建模。包括一个主输入、多个分支输入和一个输出信号。需要给定单位时间内的故障概率 λ，假定与时间无关	$R(t)=S(t)\exp\left\{ \begin{array}{c} -\lambda \sum_i \sum_{t_k<t} \\ P_i(t_k)X\min[1,S(t_k)/S(t)] \end{array} \right\}$
8	开状态阀门的故障	$S \to (8) \to R$，P 分支输入	包括一个主输入、多个分支输入和一个输出信号，表示一个在分支输入信号作用下，可能发生故障的处于开状态阀门的模型	假定给定单位时间内的故障概率 λ 与时间无关，则输出存在概率为 $R(t)=S(t)\exp\left\{-\lambda \sum_i \sum_{t_k<t} P_i(t_k)\right\}$
9	闭状态的阀门故障	$S \to (9) \to R$，P 分支输入	包括一个主输入、多个分支输入和一个输出信号，表示一个在分支输入信号作用下，可能发生故障的处于闭状态阀门的模型	假定给定单位时间内的故障概率 λ 与时间无关，则输出存在概率为 $R(t)=S(t)\left\{1-\exp\left[-\lambda \sum_i \sum_{t_k<t} P_i(t_k)\right]\right\}$
10	打开和关闭动作	$S \to (10) \to R$，P_1, P_2 分支输入	包括一个主输入、两个分支输入和一个输出信号。要求给定成功打开的概率 P_O，成功关闭的概率 P_C。如果信号 P_1 到达，则完成打开动作；如果信号 P_2 到达，则完成关闭动作	打开动作时的输出存在概率： $R(t)=S(t)\{O(t'_i)+[1-O(t'_i)]P_1(t)P_O]\}$ 关闭动作时的输出存在概率： 如果信号 P_2 到达，则完成关闭动作，输出存在概率为 $R(t)=S(t)O(t'_i)[1-P_2(t)]$

（1）建模应遵循的规则：系统考察的成功事件即终止信号要明确定义；系统流程总是开始于信号发生器而结束于终止信号；明确定义系统操作的时间点，用来表示运行状态改变的时序；处理单元符号之间通过信号线直接相连。

（2）GO 法中对单元相关性的处理：系统内单元与单元之间、单元和分系统之间在停工、维修、冗余、备用等方面具有一定的相关性，其相依关系在 GO 法中定义如下：

① 停工相依：系统由于某些单元的故障而停工维修时，没有发生故障的单元随系统的停工而停止运行，并且不再发生故障，直到系统修复，这些单元再恢复正常运行。这些单元发生故障要受到其他单元是否处于故障状态的影响，因此它们不是独立的，这种相关性定义为停工相依。停工相依可以用停工故障数 I 来表示，表示系统中有 I 个单元故障时，系统停工，其余无故障单元也停运而不发生故障，因此系统中不存在大于 I 个单元同时发生故障的状态。例如 3 个部件组成的串联系统，任意一个部件发生故障时，系统处于停工维修状态。此时，如果其余 2 个部件也停止工作，因而不再会发生故障，那么，这 3 个部件中不会发生 2 个部件同时故障或 3 个部件同时故障的状态，这就表示这 3 个部件是停工相依的。此时停工故障数 $I=1$，表示该系统有 1 个部件发生故障时，其余部件不再发生故障的相关性。又如 3 个部件组成的 3 取 2 并联冗余系统，有 2 个部件正常工作，系统就处于成功状态。如果有 2 个部件发生故障，系统处于停工维修状态，此时第 3 个部件也随之停工，不再发生故障，就表示这 3 个部件有停工相依。此时停工故障数 $I=2$，表示该系统有 2 个部件发生故障时，其余部件不再发生故障的相关性。

②维修相依：系统中同时处于故障状态的单元数多于允许同时维修的故障单元数时，多出的故障单元要等待其他单元修复后才能维修。维修相依可以用维修工数 L 来表示，表示系统可以有 L 个单元同时进行维修，大于 L 个单元发生故障时，就要等待维修。

③冗余相依：系统中的并联单元数多于系统工作要求的单元数，多出的单元发生故障时，系统仍能正常工作。

④备用相依：有冗余的并联单元系统中冗余的单元处于备用状态，当正在运行的单元发生故障时，冗余备用的单元开始运行，保证系统继续正常工作，并假定冗余单元处于备用状态时不会发生故障。

GO 法定量计算就是沿信号流序列，由输入信号的可靠性特征量和操作符的可靠性参数计算输出信号的可靠性特征量，直到最后的输出信号。最后输出信号的可靠性特征量代表了整个系统稳定运行时的平均可靠性特性,可以以此对系统作出评价,提出改进设计,提高系统运行的可靠性。

2.4.2　建模过程

运用 GO 法进行系统可靠性分析的过程可总结为:系统分析、建立 GO 图、输入数据、GO 运算。

1. 系统分析

(1)系统分析的第一步是定义所分析的系统,规定系统的范围,确定系统所包含的单元以及单元组成系统的结构,给出系统的原理图、结构图、流程图或工程图。

(2)分析系统的功能,确定系统的成功准则,明确什么是系统的正常工作状态,什么是系统的停工维修状态。进一步分析系统组成单元的功能,确定单元与单元之间、单元与系统之间的功能关系和可靠性关系。

(3)确定系统输出边界。系统输出边界单元的输出信号是代表系统的,输出信号所属的可用度、故障率等可靠性特征量就是系统的可靠性特征量。

(4)确定系统的输入边界。GO 法进行系统可靠性分析时至少要有一个输入单元,输入单元就是系统输入边界,输入单元的输出信号所属的可用度、故障率等可靠性特征量代表前一级系统的可靠性特征量,是本系统的输入信号。本系统经过分析得到的可靠性特征量是包含前一级系统的整个系统的可靠性特征量,而前一级系统作为一个等效单元是本系统的输入单元。

2. 建立 GO 图

根据系统的原理图、流程图或工程图,用操作符代表系统的单元,按系统分析的单元功能确定操作符类型。

根据系统分析,单元之间的功能关系,用信号流连接操作符连接。通常从输入操作符开始,以成功为导向画出信号流,以系统中的逻辑关系连通操作符,直至系统的输出信号。所有操作符的输入信号必须是其他操作符的输出信号,而且信号流不允许有循环。对操作符和信号流进行编号,通常从输入操作符和输入信号开始,直到系统的输出信号。操作符和信号流的编号唯一,不允许有重复。

检查 GO 图,确认操作符和信号流代表的单元和系统的功能关系是否正确,确认 GO 图是否符合规则,如有不符,应予以修正。

3. 输入数据

GO 图建立后,需要确定系统所有操作符的可靠性数据。操作符只有正常工作和故障两种状态,操作符成功状态的概率 $P_C(1)$ 代表单元正常工作的概率,也是单元的可用度,$P_C(1) = A$。操作符故障状态的概率 $P_C(2)$ 代表单元停工维修的概率,也是单元的不可用度,$P_C(2) = 1 - A$。操作符代表的是单元,可靠性参数还有故障率 λ_C 和维修率 μ_C,它们之间的关系为

$$P_C(1) = \frac{\mu_c}{\lambda_c + \mu_c}, P_C(2) = \frac{\mu_c}{\lambda_c + \mu_c} \qquad (2-16)$$

因此操作符需要输入的可靠性数据是两个,通常可输入故障率 λ 和成功率 $P_C(1)$,如果数据来自现场统计,常输入故障率 λ 和平均维修时间 $\mathrm{MTTR} = \frac{1}{\mu}$,由这两个可靠性数据可以得到所有的可靠性特征量。

4. GO 运算

运用 GO 法分析的系统可靠性,是通过确定系统输出信号的可靠性特征量实现的。GO 图建立后,通过输入所有操作符的数据,从 GO 图的输入操作符的输出信号开始,根据下一个操作符的运算规则进行运算,得到其输出信号的状态和概率,按信号流序列逐个进行运算直至系统的输出信号,得到系统的可靠性参数。

2.4.3 某型自行火炮驻退机 GO 模型

驻退机是自行火炮重要组成部分,是自行火炮的"心脏"。据实际统计,驻退机故障率较高,占自行火炮总故障的 10% ~ 20%。某型驻退机由驻退筒、驻退杆、节制杆、紧塞器和液量调节器等组成,内装驻退液,其工作原理如图 2-21 所示。

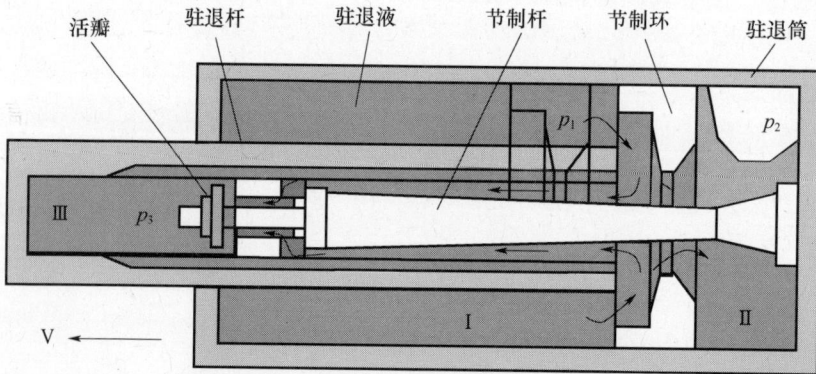

图 2-21　某型自行火炮驻退机工作示意图

火炮射击时会产生大量的后坐动能,驻退机后坐时产生液压阻力,液压阻力的作用方向与后坐方向相反。在整个后坐过程中,液压阻力消耗了大部分后坐动能,使后坐部分在一定的后坐距离上停止下来。

驻退机故障主要表现在液量调节器内弹簧断裂、驻退液变质以及驻退机温度过高等。以这 3 种故障为主要考虑因素,假设驻退机其他部分均不发生故障。

驻退机有成功和故障 2 个状态,用类型 3 表示;驻退机温度有正常、可控、过高 3 个状态,用类型 3 表示;驻退液有正常和变质 2 个状态,驻退筒的运动以及温度的变化对驻退液状态会有影响,因此,液体用类型 6 表示。当液压阻力正常时,驻退机正常;当液压阻力过大或过小时,驻退机故障。某型自行火炮驻退机系统对应的 GO 图如图 2 – 22 所示。

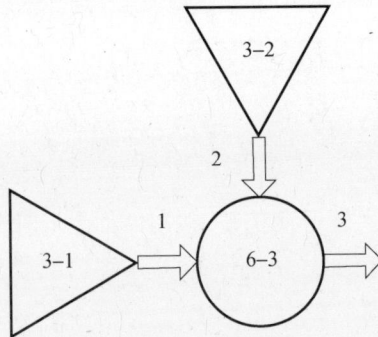

图 2 – 22　某型自行火炮驻退机 GO 图

建立 GO 图后,根据操作符代表的单元特性,确定操作符的状态概率。为简化运算,假设各部件的成功状态概率服从指数分布。

当液量调节器内弹簧完好时,驻退筒处于成功状态,用状态值 1 表示;当液量调节器内弹簧断裂时,驻退筒处于故障状态,用状态值 2 表示。

温度对驻退筒乃至整个自行火炮都有重要影响。当温度在某一范围内,系统正常;当温度高于某一临界温度时,系统故障。假设这 2 个临界温度为 t_1,t_2。当温度 $t_1 < t_2$ 时,为正常情况,用状态值 1 表示;当温度 $t_1 < t < t_2$ 时,为可控情况,用状态值 2 表示;当 $t_1 > t_2$ 时,温度过高,系统故障,用状态值 3 表示。

驻退液对驻退机后坐时动能的消耗产生重要的作用。液体有 2 个状态,即正常和变质两种状态。

假设驻退筒操作符数据如表 2 – 5 所示。

表 2-5　某型自行火炮驻退机系统操作符数据

编号	名称	标识符	类型号	状态数	状态值	状态概率
1	驻退筒	A	5	2	1(成功)	$e^{-\lambda_1 t}$
					2(故障)	$1 - e^{-\lambda_1 t}$
2	温度	B	5	3	1(正常)	$\dfrac{1}{2} e^{-\lambda_{21} t}$
					2(可控)	$\dfrac{1}{2} e^{-\lambda_{22} t}$
					3(过高)	$1 - \dfrac{1}{2} e^{-\lambda_{21} t} - \dfrac{1}{2} e^{-\lambda_{22} t}$
3	驻退液	C	6	2	1(正常)	$e^{-\lambda_3 t}$
					2(变质)	$1 - e^{-\lambda_3 t}$

　　操作符 3 是类型 6 操作符,有 2 个状态。输出信号 1 有 2 个状态组合,输出信号 2 有 3 个状态组合,三者结合后有 12 个状态组合。以下是对各种可能情况的分析。

　　(1) 当驻退筒、温度、驻退液正常,状态值都为 1 时,摩擦力正常。

　　(2) 当驻退筒、温度正常,状态值都为 1,驻退液变质,状态值为 2 时,表示液体变黏稠,摩擦力增大。

　　(3) 当驻退筒、驻退液正常,状态值都为 1,温度在可控范围,状态值为 2 时,由于温度升高,液体膨胀,摩擦力增大。

　　(4) 当驻退筒正常,状态值为 1,温度在可控范围,驻退液变质,状态值都为 2 时,由于温度升高、液体膨胀以及液体变黏稠,摩擦力增大。

　　(5) 当温度过高,状态值为 3 时,系统故障。

　　(6) 当驻退筒故障(弹簧断裂),状态值为 2,温度、驻退液都正常,状态值都为 1 时,液体进入调节器里,驻退筒里液量减少,摩擦力减小。

　　(7) 当驻退筒故障(弹簧断裂)、驻退液变质,状态值都为 2,温度正常,状态值为 1 时,摩擦力增大。

　　(8) 当驻退筒故障(弹簧断裂)、温度可控,状态值都为 2,驻退液正常,状态值为 1 时,液体进入调节器里,驻退筒内液量减少,但温度升高,液体膨胀,假设二者对摩擦力影响相当,摩擦力正常。

　　(9) 当驻退筒故障(弹簧断裂)、驻退液变质、温度可控,状态值都为 2 时,摩擦力增大。

按运算规则,得到信号流 3 的状态组合关系如表 2-6 所列。

表 2-6 信号流 3 的状态组合关系

输入信号 1		输入信号 2		操作符 3		输出信号 3	
状态	状态值	状态	状态值	状态	状态值	状态组合	状态值
A_1	1	B_1	1	C_1	1	$A_1 B_1 C_1$	1
A_1	1	B_1	1	C_2	2	$A_1 B_1 C_2$	2
A_1	1	B_2	2	C_1	1	$A_1 B_2 C_1$	2
A_1	1	B_2	2	C_2	2	$A_1 B_2 C_2$	2
A_1	1	B_3	3	C_1	1	$A_1 B_3 C_1$	2
A_1	1	B_3	3	C_2	2	$A_1 B_3 C_1$	2
A_2	2	B_1	1	C_1	1	$A_2 B_1 C_1$	3
A_2	2	B_1	1	C_2	2	$A_2 B_1 C_2$	2
A_2	2	B_2	2	C_1	1	$A_2 B_2 C_1$	1
A_2	2	B_2	2	C_2	2	$A_2 B_2 C_2$	2
A_2	2	B_3	3	C_1	1	$A_2 B_3 C_1$	2
A_2	2	B_3	3	C_2	2	$A_2 B_3 C_2$	2

输出信号 3 中,状态值为 1 代表液压阻力正常,系统正常;状态值为 2 代表液压阻力过大,系统故障;状态值为 3 代表液压阻力过小,系统故障。

信号流 3 的状态组合有 12 个,第 3 行与第 4 行的状态组合合并,得到状态组合 $A_1 B_2 C$,简化为 $A_1 B_2$。第 5 行与第 6 行的状态组合合并为 $A_1 B_3 C$,简化为 $A_1 B_3$。第 11 行与第 12 行的状态组合合并为 $A_2 B_3 C$,简化为 $A_2 B_3$。$A_1 B_3$ 与 $A_2 B_3$ 合并为 $A B_3$,简化为 B_3。驻退机系统的状态组合集如表 2-7 所列。

在前述假设的基础上,通过定量 GO 运算得到各信号流的状态概率,信号流 3 输出代表系统成功状态,由此可得到系统的状态概率运算结果如下:

液压阻力正常,即系统成功运行概率为

$$p_3(1) = \frac{1}{2} e^{-\lambda_3 t} \left[e^{-(\lambda_1 + \lambda_{21})t} - e^{-(\lambda_1 + \lambda_{22})} t + e^{-\lambda_{22} t} \right] \qquad (2-17)$$

液压阻力过大概率为

$$p_3(2) = 1 - \frac{1}{2} e^{-(\lambda_{21} + \lambda_3)} t - \frac{1}{2} e^{-(\lambda_{22} + \lambda_3)} t + \frac{1}{2} e^{-(\lambda_1 + \lambda_{22} + \lambda_3)} t \qquad (2-18)$$

液压阻力过小概率为

$$p_3(3) = \frac{1}{2}e^{-(\lambda_{21}+\lambda_3)t}(1-e^{-\lambda_1 t}) \qquad (2-19)$$

该方法将自行火炮执行任务过程中的温度变化作为环境因素进行研究,使应用 GO 法对自行火炮驻退机可靠性进行分析更加科学、合理。

表 2-7　某型自行火炮驻退机系统的状态组合集

状态值	系统状态	状态组合	部件状态
1	系统正常 (液压阻力正常)	$A_1 B_1 C_1$	驻退筒正常运动 温度正常 驻退液正常
		$A_2 B_2 C_1$	驻退筒弹簧断裂 温度可控 驻退液正常
2	系统故障 (液压阻力过大)	$A_1 B_1 C_2$	驻退筒正常运动 温度正常 驻退液变质
		$A_1 B_2 C_1$	驻退筒正常运动 温度可控 驻退液正常
		$A_2 B_1 C_2$	驻退筒弹簧断裂 温度正常 驻退液变质
		$A_2 B_2 C_2$	驻退筒弹簧断裂 温度可控 驻退液变质
3	系统故障 (液压阻力过小)	$A_2 B_1 C_1$	驻退筒弹簧断裂 温度正常 驻退液正常

第3章　自行火炮可靠性分析

可靠性分析是有效提高自行火炮可靠性的基础性工作。常见的可靠性分析方法包括故障模式、影响及危害性分析法(FMECA),故障树分析方法(FTA),虚拟样机方法等。故障模式、影响及危害性分析法用于查找潜在故障,避免和消除故障起因,减少和消除故障影响;故障树方法用于判明基本故障,确定故障的原因、影响和发生概率;虚拟样机方法从部(组)件的物理和失效机理出发,确定故障模式和基本起因。

3.1　故障模式、影响及危害性分析

故障模式、影响及危害性分析(FMECA)是分析自行火炮分系统中每一种可能的故障模式并确定其对分系统、系统所产生的影响,以及把每一个故障模式按其发生概率和影响的严重程度予以分类的一种归纳分析方法。它基本上是一种自下而上的归纳、单因素分析方法。

3.1.1　FMECA 的基本概念

1. FMECA 的主要用途

(1) 为人们提供一种规范化、标准化、系统化的有效分析工具,通过分析可以发现设计、工艺、软件、使用等方面的薄弱环节,有助于采取针对性的措施加以改进。

(2) 为确定可靠性关键件和重要件提供依据。

(3) 为产品的检验程序、测试点的设置、可靠性、维修性、保障性、测试性等分析提供信息。

在产品寿命周期内的不同阶段,FMECA 的应用目的和应用方法略有不同,详见表 3-1。在产品寿命周期的各个阶段虽然有不同形式的 FMECA,但其根本目的都是从产品设计(功能设计、硬件设计、软件设计)、生产(生产可行性分析、工艺设计、生产设备设计与使用)和产品使用角度发现各种缺陷与薄弱环

节,从而提高产品的可靠性水平。

表 3 - 1　在产品寿命周期各阶段的 FMECA 方法及应用目的

阶段	应用方法	应用目的
方案论证阶段	功能 FMECA	分析研究系统功能设计的缺陷与薄弱环节,为系统功能设计的改进和方案的权衡提供依据
工程研制阶段	硬件 FMECA 软件 FMECA	分析研究系统硬件、软件设计的缺陷与薄弱环节,为系统的硬件、软件设计改进和方案权衡提供依据
生产阶段	生产工艺 FMECA	分析研究所设计的生产工艺过程的缺陷和薄弱环节及其对产品的影响,为生产工艺的设计改进提供依据
生产阶段	生产设备 FMECA	分析研究生产设备的故障对产品的影响,为生产设备的改进提供依据
使用阶段	统计 FMECA	分析研究产品使用过程中实际发生的故障、原因及其影响,为评估论证、研制、生产各阶段的 FMECA 的有效性和进行产品的改进、改型或新产品的研制提供依据

2. FMECA 实施步骤

进行系统的 FMECA 一般按以下步骤展开:

1）明确分析范围

根据系统的复杂程度、重要程度、技术成熟性、分析工作的进度和费用约束等,确定系统中进行 FMECA 的产品范围。

2）系统任务分析

描述系统的任务要求及系统在完成各种任务时所处的环境条件。系统的任务分析结果一般用任务剖面来描述。

3）系统功能分析

分析明确系统中的产品在完成不同的任务时所应具备的功能、工作方式及工作时间等。

4）确定故障判据

制定与分析判断系统及系统中的产品正常与故障的准则。

5）选择 FMECA 方法

根据分析的目的和系统的研制阶段,选择相应的 FMECA 方法,制定 FME-CA 的实施步骤及实施规范。

6）实施 FMECA 分析

FMECA 分析包括故障模式、影响分析(FMEA)和危害性分析(CA)两个步骤。FMEA 又包括故障模式分析、故障原因分析、故障影响分析、故障检测方法分析与补偿措施分析等步骤。

故障模式分析是找出系统中每一产品(或功能、生产要素、工艺流程、生产设备等)所有可能出现的故障模式。故障原因分析是找出每一个故障模式产生的原因。故障影响分析是找出系统中每一产品(或功能、生产要素、工艺流程、生产设备等)每一可能的故障模式所产生的影响,并按这些影响的严重程度进行分类。故障检测方法分析是分析每一种故障模式是否存在特定的发现该故障模式的检测方法,从而为系统的故障检测与隔离设计提供依据。补偿措施分析是针对故障影响严重的故障模式,提出设计改进和使用补偿的措施。

CA 是对系统中每一产品(或功能、生产要素、工艺流程、生产设备等)按其故障的发生概率和严重程度进行综合评估。

7) 给出 FMECA 结论

根据故障模式、影响分析和危害性分析的结果,找出系统中的缺陷和薄弱环节,并制定和实施各种改进与控制措施,以提高产品(或功能、生产要素、工艺流程、生产设备等)的可靠性(或有效性、合理性等)。

3.1.2　故障模式分析

故障模式是故障的表现形式,如短路、开路、断裂、过度耗损等。在研究故障时往往是从故障现象入手,进而通过现象找出故障原因。故障模式是 FME-CA 分析的基础,同时也是进行其他故障分析(如故障树分析、事件树分析等)的基础之一。

自行火炮的故障与其所属系统的规定功能和规定条件密切相关,在对具体的系统进行故障分析时,必须首先明确系统在规定的条件下丧失规定功能的判别准则,即系统的故障判据,这样才能明确自行火炮的某种非正常状态是否为该自行火炮的故障模式。在进行故障模式分析时还应注意,确定和描述自行火炮在每一种功能下的可能的故障模式。自行火炮可能具有多种功能,而每一种功能又可能具有多种故障模式,分析人员的任务就是找出自行火炮每一种功能的全部可能的故障模式。同时,自行火炮是一个复杂系统,具有多种任务功能。在武器装备的研制中常用任务剖面描述不同的任务功能,而每个任务剖面又由多个任务阶段组成,自行火炮在每一个任务阶段中又具有不同的工作模式。因此,在进行故障模式分析时,还要说明自行火炮的故障模式是在哪一个任务剖面的哪一个任务阶段的哪种工作模式下发生的。

对历年来统计某型自行火炮零部件出现的故障模式进行归纳、分类并整理,得出常见故障模式如表3-2所列。

表3-2 自行火炮常见故障模式

序号	故障模式	序号	故障模式	序号	故障模式
1	磨损	10	移位或偏移	19	自激
2	断裂或裂纹	11	锈蚀	20	断路
3	变形	12	卡死	21	短路
4	烧蚀	13	堵塞	22	过载
5	脱落	14	霉雾	23	电压不稳
6	松动	15	变质	24	压力不足
7	缺损	16	泄漏	25	图像模糊
8	过脏	17	开焊		
9	弹性减弱	18	老化		

3.1.3 故障原因分析

故障模式分析只说明了自行火炮将以什么模式发生故障,并未说明为何发生故障。因此,为了研究自行火炮的可靠性,还必须分析产生每一故障模式的所有可能原因。分析故障原因一般从两个方面着手,一方面是导致自行火炮功能故障或潜在故障的产品自身的那些物理、化学或生物变化过程等直接原因;另一方面是由于其他装备的故障、环境因素和人为因素等引起的间接故障原因。

对自行火炮常见的直接故障原因进行归纳总结,如表3-3所列。

表3-3 自行火炮常见的故障原因

序号	故障原因	序号	故障原因	序号	故障原因
1	设计缺陷	10	老化	19	电路断路
2	生产缺陷	11	化学腐蚀	20	电路短路
3	工艺缺陷	12	杂质污染	21	电路过载
4	装配失误	13	不清洁	22	电缆连接不牢
5	调试不良	14	湿度过高	23	接触不良
6	操作错误	15	温度过高/过低	24	焊点脱落
7	器件损坏/失效	16	冲击过大	25	插件松动
8	零件缺陷	17	震动过大	26	管路破损
9	材料选用不当	18	载荷过大	27	原因不明或待分析

自行火炮故障的产生包括了产品设计、质量、装配、环境、使用和维修的综合影响,其中使用和维修,包括使用、维修方法和程序以及操作人员的技术熟练程度等,都会对自行火炮故障的发生产生重大影响。因此,如果自行火炮在服役期间发生故障,不外乎是设计、生产的技术问题和使用、维护中的问题所致。

在设计中,自行火炮设计人员普遍不能自觉地将可靠性设计知识融于自行火炮设计中,缺乏完整的自行火炮可靠性设计规范。例如,可靠性设计应包括耐环境设计、耐热设计、概率设计、降额设计、冗余设计、三次设计、维修性设计等,这些设计方法、规范、准则和要求都没有完全融入到自行火炮的设计中,对自行火炮系统的零部件所遇到的各种恶劣条件估计不足,造成很多故障的发生,严重影响了自行火炮的可靠性。例如,产生机械磨损、变形损坏、密封性差、漏液、漏气、零件破裂、脱焊以及紧固件松动、弹性元件弹性减弱等。由于自行火炮需要经常拆卸,如果缺少防差错设计,零部件上没有明显的标记,就会经常出现错装、漏装的人为故障。

生产过程对自行火炮故障的产生也有很大影响,如加工引起的缺陷、材料和外购件的质量、装配失误以及生产检验和质量控制不严格等。从收集到的故障情况来看,由于加工质量偏差、材料选取漏洞、热处理工艺缺陷以及装配失误(错装、漏装)造成的故障是比较多的。

使用中的问题主要是使用不当。大量的统计数据表明,由于使用不当造成的故障在自行火炮全部故障中占有相当大的比例,一个原因可能是指挥员或炮手违反操作规程,另一个原因是由于操作要领掌握不当或操作不熟练造成的。

另外,在实际使用中,部队频繁的分解结合,粗劣的保养维修(如:不适当的砸、敲)都会使自行火炮的故障率上升。例如,自行火炮有些锥形销钉是紧配合,拆卸时,修理人员不使用适当的方法而乱砸,致使有的零件损坏或部件可靠性受到影响。分解拆卸时零件损伤,结合时调整不当和差错(元器件更换不当、螺帽旋得不紧或过紧、机械中留下不应有的杂物、密封不良等)都会造成故障率上升。从故障统计结果看,因零件损伤、调整不当造成的故障比例是比较高的。

3.1.4　故障影响及危害性分析

故障影响指故障模式对自行火炮的使用、功能或状态所导致的后果。故障影响及危害性分析主要是指出哪种故障模式出现得最频繁,而且后果影响最严重。同时考虑了故障模式会造成对自行火炮系统的安全性、战备完好性、任务成功性及维修保障等要求的影响。对故障影响及危害度相关概念界定如下：

1. 故障影响

故障影响一般分为局部影响、高一层次影响和最终影响。

局部影响是指故障模式对自行火炮中的故障部件所处约定层次的使用、功能或状态的影响，一般指部件本身，如驻退机；高一层次影响是指故障模式对该部件所处约定层次的紧邻上一层次分系统的使用、功能或状态的影响，一般指部件所在的分系统，如反后坐装置；最终影响是指故障模式对初始约定层次，即对整个自行火炮系统或自行火炮功能分系统的使用、功能或状态的影响，如火力系统或整个自行火炮系统。

2. 严酷度

严酷度指故障模式所产生后果的严重程度。一般分为四类。

Ⅰ类（灾难的）——引起人员死亡或自行火炮毁坏及重大环境污染。

Ⅱ类（致命的）——引起人员的严重伤害或重大经济损失或导致任务失败、自行火炮严重损坏及严重环境损害。

Ⅲ类（中等的）——引起人员中等程度伤害、中等程度的经济损失或导致任务延误或降级、自行火炮中等程度的损坏及中等程度环境损害。

Ⅳ类（轻度的）——不足以导致人员伤害或轻度的经济损失或自行火炮轻度的损坏及环境损害，但它会导致非计划性维护或修理。

3. 危害度

危害度是对某种故障模式后果的严重程度及发生概率综合影响的度量。可以分为故障模式危害度 C_m 和产品的危害度 C_r。

（1）第 j 种故障模式危害度 C_{mj}。C_{mj} 代表产品在工作时间 t 内，以第 j 种故障模式发生的故障次数。

$$C_{mj} = a_j \times \beta_j \times \lambda_j \times t, j = 1, 2, \cdots, n \qquad (3-1)$$

式中，a_j 为故障模式频数比，产品以故障模式 j 发生故障的百分比，可由试验或使用数据得到，$\sum a_j = 1$；β_j 为故障模式影响概率，产品以故障模式 j 发生故障，其最终影响导致"初始约定层次"出现某严酷度等级的条件概率，由分析人员根据经验判断，$0 \leq \beta_j \leq 1$；t 为产品每次任务的工作时间（h）；λ_p 为被分析产品在其任务阶段内的故障率，可通过可靠性预计得到（1/h）；n 为该产品的故障模式总数。

（2）产品的危害度 C_r，C_r 代表某产品在工作时间 t 内，在某一特定严酷度类别下发生的故障次数。它是该产品在给定严酷度类别和任务阶段下的各种故障模式危害度 C_{mj} 之和。

$$C_r = \sum_{j=1}^{n} C_{mj} = \sum_{j=1}^{n} a_j \times \beta_j \times \lambda_j \times t, j = 1,2,\cdots,n \qquad (3-2)$$

4. 故障概率等级

故障概率等级指某一种故障模式发生的概率占总故障概率的比率。一般分为以下五级：

A 级经常发生：故障模式出现概率大于总故障概率的 20%。

B 级有时发生：故障模式出现的概率占总故障概率的 10% ~ 20%。

C 级偶然发生：故障模式出现的概率占总故障概率的 1% ~ 10%。

D 级很少发生：故障模式出现的概率占总故障概率的 0.1% ~ 1%。

E 级极少发生：故障模式出现的概率小于总故障概率的 0.1%。

5. FMEA 表

功能及硬件故障模式、影响分析（FMEA）表格式如表 3 - 4 所列。表中，故障检测方法一般包括目视检查、立即检测和原位测试等。设计补偿措施主要包括以下四个方面：①产品发生故障时，能继续安全工作的冗余设备；②安全或保险装置；③可替换的工作方式或备用（辅助）设备；④可以消除或减轻故障影响的设计或工艺改进。操作人员补偿措施包括：①特殊的使用和维护规程，尽量避免或预防故障的发生；②一旦出现某故障后操作人员应采取的最恰当的补救措施。

6. 危害性分析表及危害性矩阵图

1）危害性分析表（CA）

危害性分析是在 FMEA 的基础上进行的，危害性分析（CA）表格式如表 3 - 5 所列，其中①~⑦栏与表 3 - 4 完全一致。

表 3 - 5 中，故障来源一般包括预计、分配和外场评估等。故障模式频数比 α 是产品的某一个故障模式占全部故障模式的百分比率；故障模式故障率 λ_m 是指产品总故障率 λ_p 与某故障模式频数比 α 的乘积；故障影响概率 β 是指假定某故障模式已发生时，导致确定的严酷度等级的最终影响的条件概率，某一故障模式可能产生多种最终影响，分析人员不但要分析出这些最终影响还应进一步明确故障模式影响的百分比，此百分比即为 β；故障模式危害度是指单一故障模式的危害度，且 $C_{m(j)} = a \times \beta \times \lambda_p \times t$；产品危害度是评价产品的危害度，$C_{r(j)} = \sum C_{mi}(j)$，即为产品在第 j 类严酷度类别下所有故障模式危害度之和。

表 3-4　功能及硬件故障模式影响分析（FMEA）表

初始约定层次产品　　　　　　　　　　　　　　　　　　　　第　页　共　页

约定层次产品　　　　　　　　　　　　　　　　　　　　　　填表日期

任　务　　　　　　　　　　　批准

分析人员　　　　　　　　　　审核

代码	产品或功能标志	功能	故障模式	故障原因	任务阶段与工作方式	故障影响			严酷度类别	故障检测方法	设计改进措施	使用补偿措施	备注
						局部影响	高一层次影响	最终影响					
①	②	③	④	⑤	⑥	⑦	⑧	⑨	⑩	⑪	⑫	⑬	⑭
对每一产品采用一种编码体系进行标识	记录被分析产品或功能的名称与标志	简要描述产品所具有的主要功能	根据故障分析的结果,依次填写每一产品的所有故障模式	根据故障原因分析结果,依次填写每一故障模式的所有故障原因	根据任务剖面依次填写故障发生的任务阶段与该阶段内产品的工作方式	根据故障影响分析的结果,依次填写每一故障模式的局部、高一层和最终影响			根据最终影响分析的结果,按每个故障模式确定其严酷度类别	根据产品故障模式、影响原因,依等分析结果,依次填写故障检测方法	根据故障影响、故障检测等分析结果改写与使用改进补偿措施	改进补偿措施	简要记录对其他栏的注释和补充说明

58

表3-5 危害性分析(CA)表

初始约定层次产品　　　　任　务　　　审核　　　　　第 页 共 页
约定层次产品　　　　　分析人员　　　批准　　　　　　填表日期

代码	产品或功能标志	功能	故障模式	故障原因	任务阶段与工作方式	严酷度类别	故障概率等级或故障数据源	故障率 λ_p	故障模式频数比 α	故障影响概率 β	工作时间 t	故障模式危害度 C_m	产品危害度 C_r	备注
①	②	③	④	⑤	⑥	⑦	⑧	⑨	⑩	⑪	⑫	⑬	⑭	⑮

2) 危害性矩阵图

危害性矩阵图如图3-1所示。危害度矩阵可用来确定和比较每一故障模式的危害程度,为确定维修措施的先后顺序提供依据。

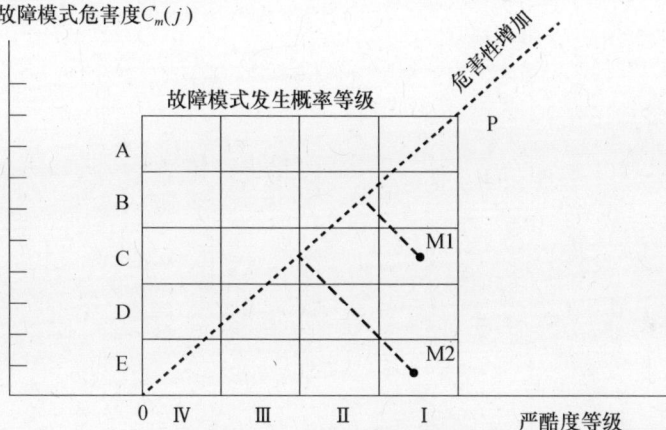

图3-1 危害性矩阵图

图3-1中,横坐标一般按等距离表示严酷度等级(Ⅰ、Ⅱ、Ⅲ、Ⅳ),纵坐标为产品危害度 C_r 或故障模式危害度 C_m 或故障模式发生概率等级(指采用定性分析方法时)。

绘制危害性矩阵的具体做法:首先按 C_r 或 C_m 的值或故障模式概率等级在纵坐标上查到对应的点,再在横坐标上选取代表其严酷度类别的直线,并在直线上标注产品或故障模式危害度的位置(利用产品或故障模式代码标注),如图3-1中 M1、M2。

从图中所标记的故障模式分布点向对角线(图中虚线 OP)作垂线,以该垂线与对角线的交点到原点的距离作为度量故障模式(或产品)危害性的依据,距

59

离越长,其危害性越大,应尽快采取改进措施。在图 3-1 中,因 0M1 距离比 0M2 距离长,则故障模式 M1 比故障模式 M2 的危害性大。

3.1.5 FMECA 示例

以某自行榴弹炮炮身炮闩为例,其故障模式、影响及危害性分析(FMECA)按如下步骤进行。

(1)收集某自行榴弹炮炮身炮闩的故障模式信息,并记录该故障模式出现的次数。用故障模式出现的次数除以故障模式总数,得到故障模式的故障概率等级。

(2)按故障模式影响的严酷度的类别进行分类。

(3)填写炮身炮闩 FMEA 分析表格,如表 3-6 所列。

(4)填写炮身炮闩 CA 分析表格,如表 3-7 所列。

(5)画炮身炮闩的危害度矩阵图,见图 3-2。横坐标用严酷度等级表示,纵坐标用故障模式的概率等级表示。

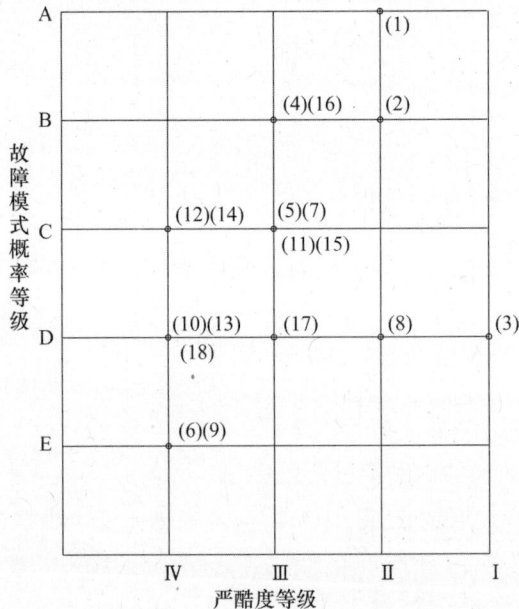

图 3-2　炮身和炮闩的危害度矩阵图

(6)确定炮身、炮闩的关重件。通过对炮身炮闩分系统的故障模式、影响及危害度进行分析,在危害度矩阵图上找出离原点最远的序号,得到炮身炮闩分系统的关重件,作为可靠性工作的重点。炮身、炮闩的关键件、重要件如表 3-8 所列。

初始约定层次产品
约定层次产品

表3-6　FMEA 分析表

任　务　　　　审核　　　　批准
分析人员

第　页　共　页
填表日期

代码	产品	功能	故障模式	故障原因	任务阶段	局部影响	故障影响		严酷度类别	故障检测方法	设计改进措施	使用补偿措施	备注
							高一层次影响	最终影响					
1.1.1	身管	赋予弹丸正确的飞行方向,与火药气体配合,赋予炮弹或弹丸一定的初速和旋转运动	初速下降	坡膛起始部磨损		初速下降	影响射击	精度下降	II	设备检测		更换	
			转速下降	膛线磨损或断裂		转速下降	影响射击	精度下降	II	设备检测		更换	
			弹丸运动受阻	身管直线度超差	射击	弹丸飞行方向不正确	影响射击	影响射击精度	II	量具检测		更换	
				射击前,炮膛擦拭不干净			膛胀,膛炸	影响射击	I	量具检测	提高材料性能、规范工艺规程	更换	
				射击中,炮膛内有异物		弹丸不能顺利通过	加速磨损,甚至膛炸	影响射击	I	量具检测		更换	
				身管有裂纹、膛胀或膛内有突起			膛炸	影响射击	I	量具检测		更换	
			不能抽筒	药室太脏		不能抽筒	不能抽壳	影响射击	III	目视检测		清洗、维护	

（续）

代码	产品	功能	故障模式	故障原因	任务阶段	故障影响			严酷度类别	故障检测方法	设计改进措施	使用补偿措施	备注
						局部影响	高一层次影响	最终影响					
1.1.2	炮尾	安装和固定炮闩零件，并保证其动作正常	裂纹	应力集中		裂纹	影响射击	影响射击	I	设备检测		立即更换	
			闩体运动卡滞	保养不良		不能开、关闩	影响射击	影响射击	III	目视检测	优化结构	清洗、维护	
		连接反后坐装置	连接固定不确实	紧固件松动	射击	连接螺母松动	影响射击	影响射击	I	目视检测，实际操作检查		紧固	
		检查炮膛轴线的水平度	失去基准作用	炮尾检查座碰伤锈蚀		零位归正误差过大	射击精度降低	影响射击精度	III	水准仪目测	无	修理	
		防止炮身在射击过程中转动	炮身在射击或复进时转动	炮身固定栓铜滑板磨损		零件磨损报废	影响后坐动作	影响射击	II	设备检测	优化结构规范工艺	修理	
1.1.3	炮口制退器	与身管连接，减小后坐能量	裂纹	应力集中	射击	裂纹	影响射击	影响射击	I	设备检测	优化结构规范工艺	更换	

（续）

代码	产品	功能	故障模式	故障原因	任务阶段	局部影响	故障影响		严酷度类别	故障检测方法	设计改进措施	使用补偿措施	备注
							高一层次影响	最终影响					
1.2.1	闭锁装置	与药筒配合闭锁炮膛	人工开门困难或不能开门	闩柄杠杆头部磨损过大	射击	零件磨损	影响开关门	影响射击	III	实际操作检查	优化工艺，提高耐磨性	定期擦拭，润滑，更换	
				闩柄杠杆弹簧失效		零件失效	影响杠杆工作可靠性	影响射击	III	实际操作检查	优化工艺，提高弹簧寿命	更换	
				曲臂滑轮、轴损坏		零件失效	无法开关门	影响射击	III	用药筒测量	优化工艺，提高耐磨性	定期擦拭，润滑，更换	
				相对运动部位过脏或有碰伤		机构动作不顺利	增大门阻力	影响射击	III	分解检查	优化工艺，提高耐磨性	定期擦拭，润滑，修理	
			辅助关门困难	闩柄下方突起部磨损或损坏		零件失效	人工关门困难	影响射击	III	分解检查	无	注意规范操作，更换	
				曲臂轴左端突起部磨损		零件失效	不能辅助关门	影响发射	III	分解检查	无	注意规范操作，更换	
			闩体下垂	曲臂滑轮磨损　曲臂滑轮轴磨损　定型槽磨损		关门不到位，闩体下垂	影响开、关门	影响射击	III	用药筒测量	优化工艺，提高耐磨性	定期擦拭，润滑，更换	
			关门时闩体上升过高	闩体阻挡器磨损、变形		闩体阻挡器动作不可靠	不能提出闩体	影响维护	IV	目视检查，实际操作检查	无	定期擦拭，润滑，修理	

（续）

代码	产品	功能	故障模式	故障原因	任务阶段	故障影响：局部影响	故障影响：高一层次影响	故障影响：最终影响	严酷度类别	故障检测方法	设计改进措施	使用补偿措施	备注
1.2.1	曲臂滑轮与曲臂轴	带动闩体上下运动	曲臂滑轮磨损	润滑不到位或有异物	射击	关闩不到位,闩体下垂	影响开、关闩	影响射击	Ⅲ	用药筒测量	优化工艺,提高耐磨性	定期擦拭,润滑,更换	
1.2.2	闩体阻挡器	限制闩体最高位置	闩体阻挡器动作不灵	润滑不到位或有异物	射击	闩体阻挡器动作不可靠	不能提出闩体	影响维护	Ⅳ	目视检查,实际操作检查	无	定期擦拭,润滑,修理	
1.2.3	保险掣机构	确保击发时机可靠	保险掣子与复拨轴杠杆配合故障	运动接触部分磨损	射击	不能解脱保险	不能击发	影响射击	Ⅲ	分解检查	优化工艺,提高耐磨性	更换	
			保险掣子复位不复位	扭簧疲劳或断裂	射击	保险掣子运动不可靠	保险失效,自动击发	影响射击	Ⅲ	分解检查	无	定期检查,更换	
1.2.4	闩体	与药筒配合闭锁炮膛	镜面磨损	机械磨损	射击	闭锁间隙过大	药筒膨胀	影响发射	Ⅲ	工艺药筒检查间隙	无	规范操作,更换	
			开关闩动作不正常	导向面碰伤、锈蚀	射击	闩体上下运动卡滞	不能装填	影响发射	Ⅱ	目视检查	无	规范操作,擦拭,修磨	
1.2.5	拨动拨子轴	带动拨动拨子转动	不能呈待发状态	拨动拨子轴支臂变形、折断	射击	击针无法呈待发状态	不能击发	影响射击	Ⅳ	分解检查	优化结构,提高刚强度	更换	

（续）

代码	产品	功能	故障模式	故障原因	任务阶段	局部影响	故障影响		严酷度类别	故障检测方法	设计改进措施	使用补偿措施	备注
							高一层次影响	最终影响					
1.2.6	推杆、推杆簧	推动拨动子驻栓右移	推杆运动故障	推杆头磨损或推杆簧失效	射击	推杆运动不到位	不能击发	影响射击	IV	分解检查	优化工艺，提高耐磨性	更换	
1.2.7	拨动子及驻栓	二者配合形成待发状态	不能击发	拨动子与拨动子驻栓配合处磨损	射击	拨动子无法呈待发状态	不能击发	影响射击	III	分解检查	优化工艺，提高耐磨性	更换	
1.2.8	击针簧	储存击发能量	不能击发	疲劳或折断	射击	冲击能量不足	不能击发	影响射击	IV	分解检查	优化设计，提高疲劳强度	更换	
1.2.9	击针	撞击底火	不能击发	击针头部磨损	射击	影响击出量	不能击发	影响射击	IV	检测击针突出量	无	检查突出量，更换	
1.2.10	复拨器扭簧	使复拨杆返回到原始位置	复拨杆不复位	扭簧疲劳、断裂	射击	影响复拨杆动作	影响复拨	影响二次击发	IV	分解检查	优化设计，提高疲劳强度	更换	
1.2.11	开闩凸轮	自动开闩时，完成开闩动作	开闩凸轮运动故障	锈蚀、碰伤	射击	运动受阻	不自动开闩	影响连续发射	III	分解检查	无	擦拭、修理、更换	

（续）

代码	产品	功能	故障模式	故障原因	任务阶段	局部影响	故障影响		严酷度类别	故障检测方法	设计改进措施	使用补偿措施	备注
							高一层次影响	最终影响					
1.2.12	抽筒子	开闩到位可靠	挂钩变形、磨损	磨损、碰撞	射击	影响开闩动作	自动关闩	影响射击	III	分解检查	优化设计，提高耐磨性	更换	
		抽出药筒	抽壳部分磨损、折断	磨损、碰撞	射击	影响抽壳动作	不抽壳	影响射击	III	分解检查	优化设计，提高耐磨性	更换	
1.2.13	关闩簧	储存关闩能量	不能可靠关闩	关闩簧疲劳失效或调整不当	装填	开关闩机构失效	影响关闩	影响射击	III	调整、分解检查	增加调整环节	调整、更换	
1.2.14	挡弹装置扭簧	使挡弹板向上抬起	挡弹板不能弹起	扭簧疲劳或挡弹板折断	装填	不能挡弹	影响装填	影响射击	IV	分解检查	优化设计，提高疲劳强度	更换	

初始约定层次产品
约定层次产品

表 3-7 危害性分析（CA）表

任　务　　　　审核　　　　批准

分析人员

第　页　共　页

填表日期

代码	产品	功能	故障模式（代号）	任务阶段	故障原因	严酷度	故障概率等级	故障率 λ_p	故障模式频数比 α	故障影响概率 β	工作时间 t	故障模式危害度 C_m	产品危害度 C_r	备注
1.1.1	身管(1)	赋予弹丸正确的飞行方向，与火药气体配合，赋予炮弹或弹丸一定的初速和旋转运动	初速下降（1）		坡膛起始部磨损	II	A							
			转速下降（2）		膛线磨损或断裂	II	B							
					身管直线度超差	II	E							
			弹丸运动受阻（3）	射击	射击前，炮膛擦拭不干净	I	D							
					射击中，炮膛内有异物	I	D							
					身管有裂纹，膨胀或膛内有突起	I	D							
			不能抽筒（4）		药室过脏	III	C							

（续）

代码	产品	功能	故障模式（代号）	任务阶段	故障原因	严酷度	故障概率等级	故障率 λ_p	故障模式频数比 α	故障影响概率 β	工作时间 t	故障模式危害度 C_m	产品危害度 C_r	备注
1.1.2	炮尾（2）	安装和固定炮闩零件，并保证其动作正常	裂纹（5）		应力集中	I	E							
			闩体运动卡滞（6）		保养不良	III	C							
		连接反后坐装置	连接固定不确实（7）	射击	紧固件松动	I	C							
		检查炮膛轴线的水平度	失去基准作用（8）		炮尾检查座碰伤锈蚀	III	D							
		防止炮身在射击中转动	炮身转动（9）		炮身固定栓铜滑板磨损	II	B							
1.1.3	炮口制退器（3）	连接身管，减小后坐能量	裂纹（10）	射击	应力集中	I	D							
1.2.1	闭锁装置（4）	与药筒配合闭锁炮膛	人工开闩困难或不能开闩（11）	射击	闩柄杠杆头部磨损过大	III	D							
					闩柄杠杆弹簧失效	III	D							
					曲臂滑轮、轴损坏	III	C							
					相对运动部位过脏有碰伤	III	B							
					闩柄下方突起部磨损或损坏	III	D							
					曲臂轴左端突起部磨损	III	C							

（续）

代码	产品	功能	故障模式（代号）	任务阶段	故障原因	严酷度	故障概率等级	故障率 λ_p	故障模式频数比 α	故障影响概率 β	工作时间 t	故障模式危害度 C_m	产品危害度 C_r	备注
1.2.1	闭锁装置（4）	与药筒配合闭锁炮膛	闩体下垂（13）		曲臂滑轮磨损	Ⅲ	C							
					曲臂滑轮轴磨损	Ⅲ	C							
					定型槽磨损	Ⅲ	D							
1.2.2	曲臂滑轮与轴（5）	带动闩体上下运动	闩体上升过高（14）	射击	闩体阻挡器磨损、变形	Ⅳ	E							
	闩体阻挡器（6）	限制闩体最高位置	曲臂滑轮磨损（15）		润滑不到位或有异物	Ⅲ	C							
			闩体阻挡器卡滞（16）	射击	润滑不到位或有异物	Ⅳ	E							
1.2.3	保险机构（7）	确保击发时机可靠	保险掣子与复拨轴杠杆配合故障（17）	射击	运动接触部分磨损	Ⅲ	C							
			保险掣子不复位（18）		扭簧疲劳或断裂	Ⅲ	C							
1.2.4	闩体（8）	与药筒配合闭锁炮膛	镜面磨损（19）	射击	机械磨损	Ⅲ	D							
			开关闩动作不正常（20）		导向面碰伤、锈蚀	Ⅱ	D							
1.2.5	拨动子轴（9）	带动拨动子转动	不能呈待发状态（21）	射击	拨动子轴支臂变形、折断	Ⅳ	E							

（续）

代码	产品	功能	故障模式（代号）	任务阶段	故障原因	严酷度	故障概率等级	故障率 λ_p	故障模式频数比 α	故障影响概率 β	工作时间 t	故障模式危害度 C_m	产品危害度 C_r	备注
1.2.6	推杆、推杆簧(10)	推动拨动子驻栓右移	推杆运动故障(22)	射击	推杆头磨损或推杆簧失效	IV	D							
1.2.7	拨动子及驻栓(11)	二者配合形成待发状态	不能击发(23)	射击	拨动子与驻栓配合处磨损	III	C							
1.2.8	击针簧(12)	储存击发能量	不能击发(24)	射击	疲劳或折断	IV	C							
1.2.9	击针(13)	撞击底火	不能击发(25)	射击	击针头部磨损	IV	D							
1.2.10	复拨器扭簧(14)	使复拨杆运回到原始位置	复拨杆不复位(26)	射击	扭簧疲劳、断裂	IV	C							
1.2.11	开门凸轮(15)	自动开门时，完成开门动作	开门凸轮运动故障(27)	射击	锈蚀、碰伤	III	C							
1.2.12	抽筒子(16)	开门到位可靠	挂钩变形、磨损(28)	射击	磨损、碰撞	III	B							
		抽出药筒	抽壳部分磨损、折断(29)		磨损、碰撞	III	B							
1.2.13	关门簧(17)	储存关门能量	不能可靠关门(30)	装填	关门簧疲劳或调整不当	III	D							
1.2.14	挡弹装置扭簧(18)	使挡弹板向上抬起	挡弹板不能弹起(31)	装填	扭簧疲劳或挡弹板折断	IV	D							

表 3 - 8　炮身和炮闩的关键件、重要件

序号	关键件	重要件
1	身管	炮口制退器
2	炮尾	曲臂滑轮与轴
3	闭锁装置	保险机构
4	抽筒子	拨动子与拨动子驻栓
5		开闩凸轮
6		闩体

3.2　故障树分析

故障树分析法(FTA)是一种评价复杂系统可靠性与安全性的重要方法。通过构造故障树,可以使设计、使用和管理人员透彻了解自行火炮系统,找出薄弱环节,以便改进系统设计、运行和维修,从而提高系统可靠性、维修性和安全性。故障树分析是一种关于故障因果关系的演绎分析方法。这种方法以一个不希望发生的事件为焦点,通过自上而下的逐层分析,逐一找出导致该事件发生的全部直接原因和间接原因,建立其逻辑联系,画出树状图,并可辅以定量分析与计算。正确构造故障树是故障定性分析和定量分析的前提。

故障树分析的主要用途包括:

(1)对于自行火炮等复杂系统,通过 FTA 可能发现由几个一般故障事件的组合导致的灾难或致命故障事件,并据此采取相应的改进措施。

(2)从安全性角度出发,比较各种设计方案,或者已确定了某种设计方案,评估是否满足安全性要求。

(3)对于使用、维修人员来说,故障树为他们提供了一种形象的使用维修指南或查找故障的"线索表"。

(4)为制定使用、试验及维修程序提供依据。

故障树是由逻辑符号(逻辑门)与事件组成的。逻辑门表示上层事件(故障)与下层事件(故障)之间的逻辑关系,上层事件是逻辑门的输出事件,下层事件是逻辑门的输入事件,逻辑门符号表示输出事件与一个或多个输入事件之间逻辑关系的类型。

3.2.1　故障树基本概念

1. 故障树

故障树是一种表示事件因果关系的树状逻辑图,用规定的事件、逻辑门和其他符号描述系统中各种事件之间的因果关系。

2. 事件

系统、子系统及零部件所处的状态称为事件,如零部件的正常状态是一个事件,零部件的故障状态也是一个事件。

3. 顶事件

表示故障树分析的最终目标的事件称为故障树的顶事件,位于故障树的顶端。通常是把所关心的系统失效事件作为故障树的顶事件。

4. 基本事件(初级事件)

基本事件是由于某种原因不需要进一步展开(不需要进一步查找其发生的原因)的事件。基本事件包括:①底事件仅作为导致其他事件发生的原因、位于故障树的底端的事件,如不需要进一步分析原因的零件失效事件;②不需要展开的事件;③条件事件;④环境、人为因素等外部事件。

5. 中间事件

位于顶事件与底事件之间的中间结果事件都称为中间事件。

6. 结果事件

结果事件是指由其他事件以及事件的组合导致的事件,它总是某个逻辑门的输出事件,顶事件和中间事件都属于结果事件。

3.2.2　故障树基本符号

故障树分析用到的符号主要包括两类:事件符号和逻辑门符号。各种符号的名称、用法和意义见表3-9。

表3-9　故障树分析符号

类别	符号	名称	说明
事件符号	▭	结果事件	包括顶事件和中间事件
	○	基本事件	无需查明发生原因,通常是已知其发生概率的事件,位于故障树底端

（续）

类别	符号	名称	说明
事件符号		未探明事件	暂时不能或不需要进一步分析其原因的底事件
		开关事件	可能出现也可能不出现的事件,当给定条件满足时这一事件发生
逻辑门符号	A B₁ B₂	与门	输入事件 B_1 和 B_2 同时发生时,输出事件 A 发生
	A B₁ B₂	或门	输入事件 B_1 和 B_2 中至少有一个发生时,输出事件 A 发生
	A C B	禁门	只有当条件事件 C 发生,输入事件 A 的发生才会导致输出事件 B 发生
	A k/n B₁ … Bₙ	表决门	n 个输入事件中至少有任意 k 个事件发生,输出事件才发生
	A B₁ B₂	异或门	当输入事件 B_1 和 B_2 不同时发生时,输出事件 A 发生
转移符号		转入符号	表示有子故障树由此转入
		转出符号	表示此故障树转出到其他故障树

在故障树的基本符号中,有两点说明:①未探明事件不需要进一步分析的

73

原因通常包括事件发生的概率很小、没有必要进一步分析,事件发生的原因或事件发生的原因还不明了;②逻辑门符号中的禁门表示仅有输入事件发生时,还不能导致输出事件的发生,必须满足禁门打开的条件才能导致输出事件的发生。如图3-3中,对于一个线路设备完好的照明系统,当开关闭合时,只有在电源有电的情况下,电灯才会亮。

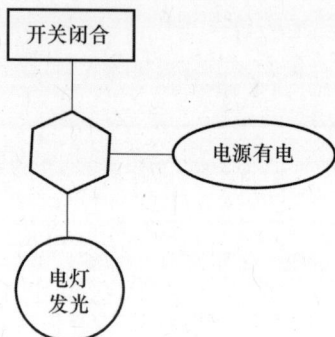

图3-3 禁门示例

3.2.3 故障树的割集

1. 割集

若一个集合中的底事件同时发生时顶事件必然发生,则这样的集合称为割集。割集中的全部事件发生是导致顶事件发生的充分条件,但不一定是必要条件。

2. 最小割集

如果割集中的任一底事件不发生时顶事件不发生,则这样的割集称为最小割集。它是包含了能使顶事件发生的最小数量的必需底事件的集合。或者说,若 C 是一个割集,去掉其中任一个事件后就不再是割集了。也就是说,最小割集中的全部事件发生是导致顶事件发生的充分、必要条件。

系统故障树的一个割集代表了该系统发生故障的一种可能性,或一种失效组合。由于最小割集发生时顶事件必然发生,因此一个故障树的全部最小割集就代表了顶事件发生的所有可能性,即系统的全部故障模式。最小割集还显示了处于故障状态的系统所必须修复的基本故障。故障树的定性分析一般是要找出系统故障树的全部最小割集。

3.2.4　故障树建树与分析方法

1. 建立故障树的流程

故障树分析包括建立系统故障树、故障关系的定性分析与定量分析等。通常的分析流程如下：

1）确定顶事件

对于一个要进行故障分析的系统来说，顶事件往往不是唯一的，通常把系统最不希望发生的故障事件作为故障树的顶事件。换个角度讲，一个系统的故障树也不一定是唯一的，而取决于所要关心的系统功能是什么。这就要求对所研究的系统有透彻的分析、了解。因此，确定顶事件需要由设计人员、使用和操作工作人员以及可靠性专家密切配合，共同分析，选定合适的顶事件，找出所有造成顶事件发生的各种中间事件，进一步分析并找出所有底事件。底事件包括一次事件及二次事件。一次事件是指由于元件自身原因（初级失效）引起的故障事件，如元件在正常工作环境下老化等。二次事件通常是指由于人为的原因及环境的原因引起的（次级失效）故障事件，如齿轮在严重过载情况下变形或断裂。在确定顶事件时还应注意顶事件必须有明确的定义。如对于一个显示器来说，其故障树顶事件可以有多个，当分析显示器黑屏故障时，它的顶事件是显示器无显示；当分析显示器无法正常显示时，它的顶事件是显示器显示异常；当分析显示器亮度不足的故障原因时，它的顶事件为显示器亮度低于正常水平。对于机械系统也是如此，例如，分析一台发动机的故障，可能是发动机不能转动、动力达不到规定水平、噪声过大、振动超标等。相应地，导致不同故障的原因也不尽相同。

2）建立故障树

建立故障树是故障树分析中最重要的工作。在顶事件确定以后，由顶事件开始，首先找出导致顶事件发生的所有可能的直接原因，作为第一级中间事件。依此类推，逐级向下分析，找出各级中间事件，直至找出引起顶事件发生的全部底事件，将各级事件用适当的逻辑门连接，就完成了故障树的建立。在建立故障树时应注意合理地选择建树流程，处理好系统的边界条件。

3）故障树的定性分析

进行故障树的定性分析主要是寻找导致顶事件发生的原因和原因组合，也就是找出故障树的所有最小割集。

4）故障树的定量分析

进行故障树的定量分析，就是要求出故障树顶事件发生的概率以及其他相关的可靠性指标,对系统的可靠性、安全性等进行定量评估。进行故障树定量分析时,通常是在各底事件的失效概率已知的条件下进行的,通过底事件的分布参数和失效概率求出顶事件的失效参数与失效概率。

2. 建立故障树的基本原则

1) 明确建树边界条件,确定简化系统图

建树前应根据分析目的,明确定义所分析的系统和其他系统(包括人和环境)的接口,同时给定一些必要的合理假设,从由有真实系统图得到一个主要逻辑关系等效的简化系统图,建树的出发点不是真实系统图,而是简化系统图。

2) 故障事件应严格定义

为了正确确定故障事件的全部必要而又充分的直接原因,各级故障事件都必须严格定义,应明确表述是什么故障以及故障是在何种条件下发生的。

3) 自上向下逐级建树

建树应自上向下逐级进行,在同一逻辑门下的全部必要而又充分的直接输入未列出之前,不得进一步发展其中任何一个输入。

4) 无"门—门"连接

逻辑门的输入应该是正确定义的故障事件,逻辑门与逻辑门不能直接相连。每一个门的输出事件都应清楚定义。

5) 用直接事件逐步取代间接事件

为了故障树的向下发展,必须用等价的比较具体的直接事件逐步取代抽象的间接事件,这样在建树时也可能形成不经任何逻辑门的事件——事件串。

6) 处理共同事件

共同的故障原因会引起不同的部件故障甚至不同的系统故障。共同原因故障事件,简称共因事件。鉴于共因事件对系统故障发生概率影响很大,因此建树时必须妥善处理共因事件。若某个故障事件是共因事件,则对故障树的不同分支中出现的该事件必须使用同一事件标号,若该共因事件不是底事件,必须使用相同转移符号简化表示。

3. 故障树定性分析

故障树的定性分析就是要求出故障树的所有最小割集,在求得所有最小割集后,可以根据最小割集的阶数(最小割集所含底事件的个数)对最小割集进行比较分析。通常最小割集的阶数越低,它的重要性越高,对于底事件来说,在不同最小割集中出现次数越多的底事件越重要。找出故障树最小割集的方法有多种,这里只介绍两种常用的方法。

1）用下行法求最小割集

下行法是从顶事件开始,向下逐级进行,其依据是逻辑与门仅增加割集的容量,而逻辑或门增加割集的个数。下行法自上而下,遇到与门就把与门下面所有输入事件排列于同一行,遇到或门就把或门下面的所有输入事件排列于一列,逐级用下一级事件置换上一级事件,直到不能再向下分解为止。这样得到的每一行都是故障树的一个割集,但不一定是最小割集。为了得到故障树的所有最小割集,需要对已得到的割集进行逻辑运算,应用吸收律等得到最小割集。

2）上行法求最小割集

上行法是由故障树的底事件开始,逐级向上进行集合运算,最后将顶事件表示成若干个底事件之积的和的形式,每一个积事件就是一个割集,最后通过逻辑运算中的吸收律和等幂律对积和表达式进行简化,剩下的每一项都是一个最小割集。

4. 故障树定量分析

进行系统的故障树分析时,通常还要确定系统顶事件和最小割集发生的概率。故障树定量分析的目的就是以故障树为分析模型,在底事件发生概率已知的条件下,求出顶事件发生的概率,并进一步明确各零件的重要度等。

在系统故障树分析中,经常用到布尔结构函数。任意一个单调关联系统的故障树均可化为只含与门、或门和底事件的故障树。例如,在求出全部最小割集之后,就可以对原故障树进行简化,画成只含与门、或门和底事件的故障树。

对于一个由 n 个零部件构成的系统,它的顶事件是系统故障,各零部件的故障是底事件。假设各零部件失效之间是相互独立的,各零部件及系统只有故障和完好两种状态,则可以用变量 x_i 来表示底事件的状态:

$$x_i = \begin{cases} 1, 底事件 x_i 发生时 \\ 0, 底事件 x_i 不发生时 \end{cases} \tag{3-3}$$

顶事件状态是底事件状态的函数,用 $\phi(X) = \phi(x_1, x_2, \cdots, x_n)$ 表示,$\phi(X)$ 称为故障树的结构函数,其状态的含义如下:

$$\phi(X) = \begin{cases} 1, 顶事件发生 \\ 0, 顶事件不发生 \end{cases} \tag{3-4}$$

结构函数 $\phi(X)$ 表示系统所处的状态。当 $\phi(X) = 1$ 时,顶事件发生,即系统处于故障状态。对于底事件,$x_i = 1$ 时,底事件发生,零部件处于故障状态;$x_i = 0$ 时,底事件不发生,零部件处于正常状态。

故障树分析中常见逻辑门的结构函数如下:

（1）与门结构。由定义知,只有全部输入事件都发生时,输出事件才发生。其结构函数为

$$\phi(X) = \bigcap_{i=1}^{n} x_i = \prod_{i=1}^{n} x_i \qquad (3-5)$$

（2）或门结构。只要有一个输入事件发生,输出事件就发生。其结构函数为

$$\phi(X) = \bigcap_{i=1}^{n} x_i = 1 - \prod_{i=1}^{n} x_i \qquad (3-6)$$

（3）表决门(k/n)结构。在 n 个输入事件中,至少有 k 个输入事件发生,输出事件才发生。其结构函数为

$$\phi(X) = \begin{cases} 1, \sum x_i \geqslant k \\ 0, 其他 \end{cases} \qquad (3-7)$$

3.2.5 故障树示例

以自行火炮射击精度不合格为例,其顶事件为自行火炮射击精度不合格,并逐次分析造成该故障的原因,建立故障树如图 3-4 所示。由于该故障树的底事件都是或门关系,即每一个底事件发生都会导致顶事件发生,所以该故障树的最小割集是每一个底事件。

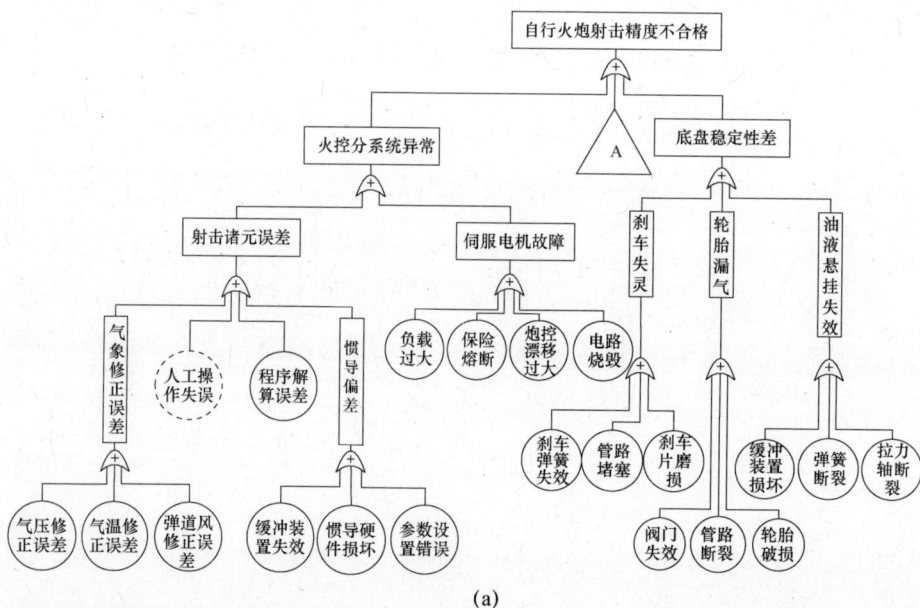

(a)

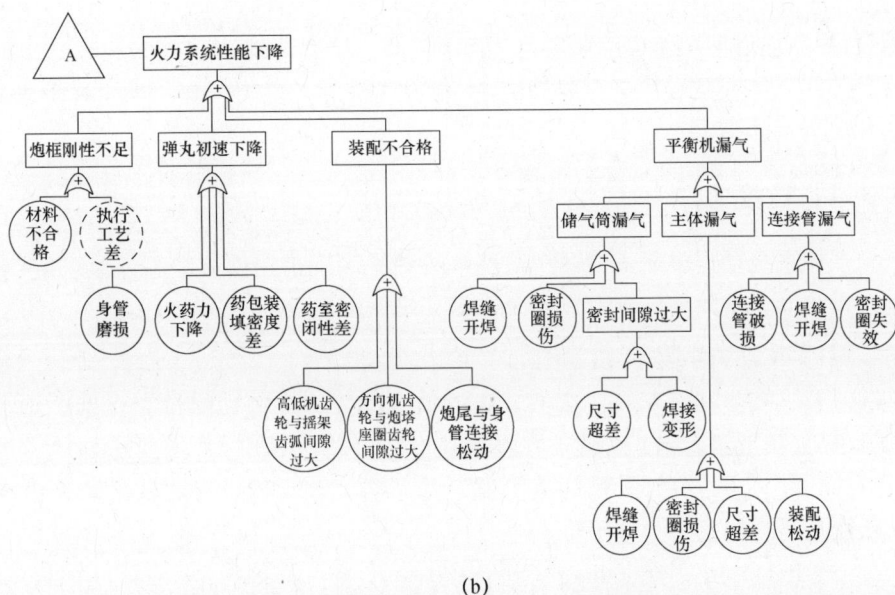

(b)

图 3-4　自行火炮射击精度不合格故障树

3.3　虚拟样机技术

虚拟样机技术是一种基于计算机仿真模型的设计方法,采用计算机仿真与虚拟技术,通过 CAD、CAM 等 CAX 技术把系统数据集成到一个可视化环境中,对装备的设计与分析进行虚拟仿真,可以减少可靠性分析和评估过程中对实物样机的依赖,对提高可靠性增长工作水平具有一定的意义。虚拟样机技术在可靠性增长中主要应用在以下三个方面:

(1) 故障分析与可靠性改进。借助虚拟样机试验技术,根据装备机械系统出现故障的特点建立故障再现模型(如不能抽筒、拨动子杠杆轴折断等),通过仿真装备系统部件的受力和运动情况,找出装备故障的原因,给出改进建议。

(2) 虚拟试验与可靠性分析。通过科学设定初始条件,利用虚拟样机技术对装备参数(如后坐力)进行仿真和分析,并通过数理分析技术对不同初始条件进行抽样,可以模拟故障发生频次,得到装备系统或分系统的可靠性参数。采用虚拟试验进行可靠性分析主要考虑的随机因素包括零件尺寸、零件重量、装备公差和结构参数等方面的样机内在随机性,以及各种载荷的随机性等。

（3）性能评估与剩余寿命预测。将虚拟样机技术和装备实际工作环境相结合,建立逼近使用条件的装备虚拟样机(如土壤介质变化较大的环境),可对装备不同工作环境进行关键参数分析;结合装备部件失效机理,即可对装备剩余寿命进行预测。

3.3.1　建模方法

多体系统动力学研究的两个最基本的理论问题是建模方法和数值求解,多刚体系统动力学建模的出发点涉及许多矢量力学和分析力学方法。

1. 矢量力学方法

（1）牛顿—欧拉方程。这种方法将单个刚体的牛顿-欧拉方程推广到多刚体系统,物理概念鲜明、建立方程直接。在分析过程中,若需要增加体的数目,只需续增方程数目,无需重新另建动力学方程组。但这种方法的一个极大的缺点是消除约束力十分困难。

（2）Roberson - Wittenburg 方法。该方法的特点是将图论原理应用于多刚体系统的描述得到适用于不同结构的公式,易处理树形系统。

2. 分析力学方法

（1）拉格朗日方程。这种方法将经典的拉格朗日方程用于多刚体系统,使未知变量的个数减小到最低程度且程式化,但计算动能函数及其导数的工作极其繁琐,而引入计算机符号运算则会方便一些。

（2）凯恩方程。通过引入广义速率代替广义坐标描述系统的运动,并将力矢量向特定的基矢量方向投影以消除理想约束力,从而可以直接对系统列写运动微分方程而不必考虑各刚体间理想约束的情况,兼有牛顿—欧拉方程和拉格朗日方程的优点。

（3）变分法。此法不需建立系统的运动微分方程,直接应用优化方法进行动力学分析。

3.3.2　数值求解方法

由于自行火炮复杂程度高,建立的模型拓扑结构变化大、自由度数多、各部件运动位移变化大,所得运动微分方程数量大、非线性项多,一般无法得到解析解,在求解中必须借助计算机寻求数值解。

多体力学数值求解的核心通常是对常微分方程初值问题式(3-8)的处理。

$$\begin{cases} \dot{y} = f(t, y) \\ y(t = t_0) = y(t_0) \end{cases} \tag{3-8}$$

求解常微分方程的基本途径有以下三种：

（1）化导数为差商的方法，即用差商来近似代替导数，从而得到数值解序列，代表性的是各种欧拉方法。

（2）数值积分法，将方程化成积分形式，利用梯形、龙格 – 贝塔、高斯等数值积分方法得到解序列。

（3）利用泰勒公式的近似求解。典型的方法是各阶龙格 – 库塔公式。

另外，为了充分利用有用的信息，进一步提高计算结果的精度，还提出了线性多步法来代替单步法的思想，典型的如亚当姆斯法和哈明法。

由于在方程求解时经常要遇到系统的特征值在数值上相差若干个数量级的情况，描述这种系统的微分方程，称为刚性（或病态）方程。对这种方程的处理必须采用特殊的方法，现在常用的方法有隐式或半隐式龙格 – 库塔法、自动变阶变步长的吉尔法、隐式或显式亚当姆斯法等，而且对于线性病态系统，还可用增广矩阵法和蛙跳算法等。另外，方程中还经常涉及非线性方程的求解问题，可采用二分法、迭代法、牛顿法等进行数值求解。

3.3.3　样机建模步骤

运用虚拟样机技术往往基于多体动力学仿真软件实现。目前常用的多体动力学仿真软件主要有美国 MSC 公司的 ADAMS、德国 SIMPICK 公司的 SIM-PICK、比利时 LMS 公司的 Virutal. Lab、韩国 FunctionBay 公司的 Recurdyn 等。运用多体动力学商用软件进行仿真的一般步骤如下。

1. 建立物体

物体包括地面、刚体、柔体、质量点等。外形简单的物体可以利用软件本身的简单建模工具进行构建，外形复杂的物体则经常需要借助专业的 CAD 软件进行建模然后再导入。如果物体外形建立准确，在赋予材料密度后，即可自动获得完全的质量和惯量特性；否则质量和惯量特性需要手工赋值。

2. 建立约束

构建了物体后，需要使用约束将它们连接起来，以定义物体间的相对运动。约束除了常见的平动、转动、球形、平面等约束外，还包括接触约束、方向约束等。

3. 施加载荷

载荷是驱动机构运动的动力,包括一般的力、力矩、弹簧力、场力等。特别复杂的载荷计算可以借助高级语言编制程序,在商用软件中加以调用。

4. 仿真分析

商用软件基于前面建立的刚体、约束和载荷,自动建立方程并进行求解。仿真出错时,可能需要调整数值求解算法及相关参数。

3.3.4 自行火炮虚拟样机建模

以某自行火炮为例,其全炮射击虚拟样机模型是一个十分复杂的系统,涉及各种计算模型和实体模型,包括内弹道模型、炮膛合力模型、反后坐装置计算模型、高低机模型、方向机模型、平衡机模型、底盘模型、土壤模型等。这些模型中诸多参量都有着复杂的耦合关系,如弹炮运动的相互耦合、横向运动与纵向运动的相互耦合、弹性体与刚体运动等相互耦合、对运动参量描述的空间坐标与时间坐标的相互耦合等。

全炮射击虚拟样机涉及的力学模型主要包括内弹道模型、炮膛合力模型、反后坐装置阻力模型、三机力学模型、地面模型等。

最终建立的全炮虚拟样机模型如图 3-5 所示。

图 3-5 全炮虚拟样机模型

该自行火炮的高低射角为 -3°~65°,方向射界为 360°。为方便分析,选择几个典型工况进行研究,方向射角 0°,高低射角 0°、45° 和 65°,方向射角 0°、45° 和 90°,发射时的路面选择硬质地面,主动轮制动。

以试验数据来对模型进行验证,根据试验数据,在室温 15℃、底凹弹、0 号装药的射击条件下,虚拟样机和实物样机得到的摇架俯仰振动位移最大值 $Y_{yj,max}$(测量的是炮塔和摇架上距耳轴 700mm 处点的上下位移)、炮塔前后振动位移最大值 $X_{pt,max}$(炮塔和底盘的前后位移)、炮塔上下振动位移最大值 $Y_{pt,max}$

(炮塔和底盘的上下位移)如表 3 - 10 所列。

表 3 - 11 列出了后坐位移和后坐速度曲线上标志点的数据对比,包括后坐时间 t_{hz}、最大后坐位移 h_{max}、最大后坐速度 $v_{h,max}$、复进时间 t_{fj}、最大复进速度 $v_{fj,max}$,可以看出,虚拟样机和物理样机具有很高的相似度。

表 3 - 10　物理样机和虚拟样机振动位移比较表

项目	物理样机 /mm	虚拟样机 /mm	相对误差%
$Y_{yj,max}$	4.86	5.24	7.82
$X_{pt,max}$	6.66	6.87	3.15
$Y_{pt,max}$	4.35	4.56	4.83

表 3 - 11　虚拟样机仿真值与试验值对比表

项目	试验值	虚拟样机	绝对误差
t_{hz}/ms	159.5	162	1.57%
h_{max}/mm	866	877.5	1.33%
$v_{h,max}$/(m/s)	13.54	12.44	8.12%
t_{fj}/ms	705	685.5	2.77%
$v_{j,max}$/(m/s)	1.913	1.883	1.57%

3.3.5　最大后坐长虚拟样机仿真分析

最大后坐长出现的条件为最大射角、全装药,考虑漏液量分别为 2L、5L、9L,节制环磨损量为 0.1mm、0.5mm、1mm,复进机气压为 4.3MPa、3.8MPa、3MPa 时对后坐位移的影响。

制退机漏液对后坐复进位移的影响如图 3 - 6 所示,其影响主要体现在随着漏液量的增加,达到最大后坐长的时间较短。当漏液量达到 9L 时,最大后坐长达到 900mm,达到了正常后坐的上限,因此认为当漏量达到 9L 时,考虑单因素的情况下,即出现了故障。

节制环磨损对后坐复进位移的影响如图 3 - 7 所示,其影响主要体现在随着磨损量的增加,最大后坐长增长。当磨损量为 1mm 时,最大后坐长为 922.5mm,超过正常后坐范围,制退机已经出现故障。经过仿真试验,当磨损量为 0.85mm 时,最大后坐长为 900mm。因此,认为节制环的最大磨损量不得超过 0.85mm。

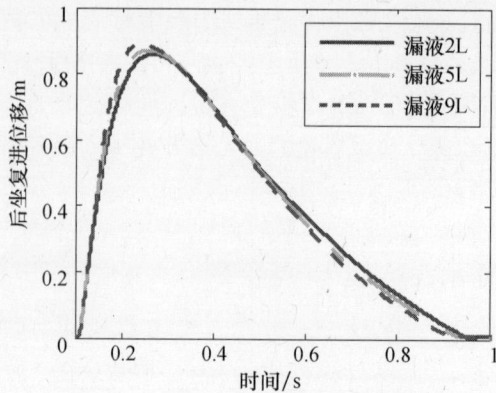

图 3 - 6　漏液对后坐复进位移的影响

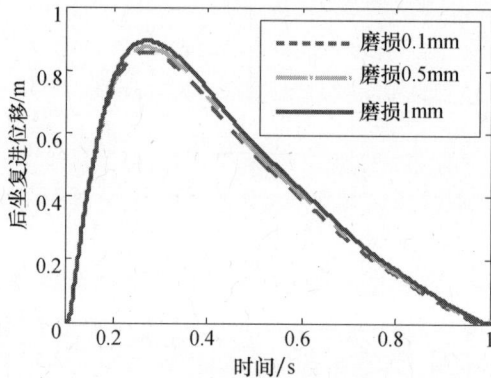

图 3 - 7　节制环磨损对后坐复进位移的影响

　　复进机漏气对后坐复进位移的影响如图 3 - 8 所示,其影响主要体现在随着复进机内气体压力的减小,达到最大后坐长的时间减短,当复进机内气体压力为 3.8MPa 时,最大后坐长为 898.2mm,此时还在正常后坐范围内;但当气体压力为 3MPa 时,后坐部分不能复进到位。因此,认为复进机漏气是否产生故障,主要看其是否使后坐部分复进到位,对最大后坐长的影响不是很大,其原因是后坐时制退机提供主要的后坐阻力。经过仿真实验,复进机内气体压力不能小于 3.7MPa,否则不能保证复进到位;当其气体压力为 3.7MPa 时,整个后坐复进时间约为 1.5s。

　　运用上述分析方法,即可在自行火炮射击中发生后坐位移过大等问题时,进行虚拟样机仿真,再现反后坐装置运动和受力情况,对反后坐装置进行改进。

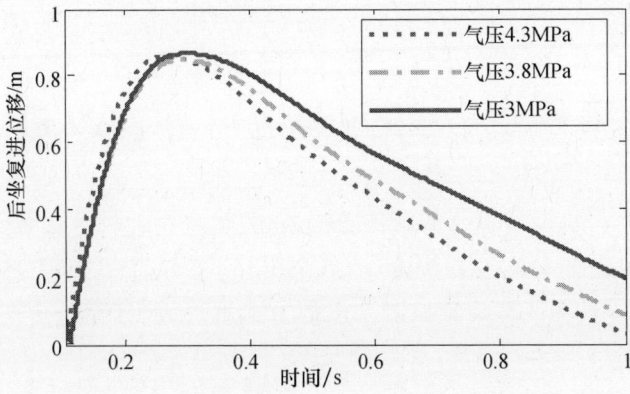

图 3 - 8　复进机漏气对后坐复进位移的影响

第4章 自行火炮可靠性改进

通过对自行火炮可靠性影响因素的分析,发现可靠性薄弱环节,有针对性地实施设计改进。本章主要从设计、工艺、检验等方面入手,通过改善应力环境、优化工艺设计与改进检验检测手段等方式解决故障问题,实现自行火炮可靠性的稳定提高。

4.1 基于故障模式分析的可靠性设计改进

4.1.1 故障定位

减少故障是提高自行火炮可靠性的主要措施,有些故障是零部件自身不可靠引起,有些故障是其所处的应力环境导致。因此,要从系统角度,通过故障树(FTA)、故障模式影响及危害性分析(FMECA)、工作分解结构(WBS)等方法进行故障及潜在故障分析与定位。

4.1.2 故障机理分析

根据不同的故障模式,分析其故障机理,最终确定故障根源。典型的自行火炮故障模式主要有液体渗漏和管线松动、磨损、疲劳、腐蚀、老化等。

渗漏和松动类故障产生的原因主要是由于密封、紧固造成,其故障根源主要在于紧固密封件的环境应力、材料、连接、固定形式、结构及相关配合尺寸等相关因素;磨损故障产生的原因主要是由于产品零(部)件之间的相对运动,破坏了零部件的配合尺寸和强度,导致产品不能完成其规定功能而发生故障,其故障根源在于零部件尺寸、强度、配合、相对运动和承受的应力等因素;疲劳故障产生的原因主要是产品在承受交变载荷时,产生裂纹进而导致结构承载能力下降乃至发生结构断裂破坏,如底盘扭力轴、履带板、齿轮等零部件在行驶过程中要承受交变载荷导致疲劳失效;腐蚀故障产生的原因主要是金属在腐蚀环境中发生化学变化引起,其故障根源在于金属产品的耐腐蚀性、环境的腐蚀性等;老化故障产生的原因主要是非金属材料,如复合材料、塑料、橡胶、有机玻璃、硅酸盐玻璃及复合玻璃等,在环境条件下随时间推移而产生的各种不可逆的化学变化和物理变化,造成非金属材料性能逐渐变坏,其故障根源在于材料的化学性能、环境等。

4.1.3　设计改进方案

通过采用产品替换、结构改进、材料改进、环境改进、操作改进等方式,进行各类故障模式的可靠性分析,最终通过改进自行火炮设计,提高自行火炮的可靠性。

(1)针对液体渗漏和管线松动类故障,采用总体布局优化、连接结构优化、安装布置优化等方式改进优化。

① 总体布局优化。即从整炮顶层重新规划,利用三维设计等方法,结合实际情况,统一布局整炮和各系统管路及线缆走向,采取分别敷设、集中固定的方式,通过虚拟样机及实际装配评估,不断调整和再改进。制定和完善管(线)路敷设、固定、保护以及各种接头、密封、锁紧装置的通用标准、工艺流程及指导性文件,细化和完善可靠性控制要求,严控加工和装配过程。

② 典型密封、锁紧和连接结构优化。根据安装方式、使用压力、温度等环境及管(线)路振动测试情况,选用或设计典型可靠的密封、紧固结构,淘汰或优化密封、紧固作用差的传统结构,形成典型密封、锁紧、连接结构在整炮上的应用规范,如根据压力确定管路的连接与密封方式为卡箍密封、端面密封、卡套密封或快速接头;对各种管(线)路采取适当的减振、隔热、防油、防腐蚀保护措施;使用标准的插接件,减少其品种规格,所有插接件应紧固到位,特别是带有锁紧孔的螺纹式接插件,应增加锁紧措施。

③ 管线路安装布置形式改进。优化敷设工艺和安装紧固形式,杜绝管(线)路的"松乱"等问题。

(2)针对磨损故障,主要通过对产品动作、承受的应力以及产品的耐磨损设计来实现。

① 选择耐磨损性能较好的材料,并根据不同的磨损机理合理选配摩擦副的材料。

② 合理设计选定摩擦表面的粗糙度。

③ 采用表面技术提高材料耐磨性。表面技术利用各种物理、化学或机械的工艺方法使材料表面获得特殊的成分、组织结构与性能,以提高其耐磨损性能,延长其使用寿命,如表面淬火、表面化学热处理(渗碳、渗氮、渗硼等)、电镀、热喷涂、堆焊、激光表面处理、气相沉积技术等。

④ 改善机构的润滑情况,合理设计机构的承载和运转速度组合,以减小摩

擦因数,降低磨损速度。

(3)针对疲劳故障,主要通过优化承载载荷或抗疲劳设计来延长产品的使用寿命。

① 根据产品结构承载特点和设计原则合理选材,在安全寿命设计与分析中,高应力低周疲劳时应选择塑性好的材料,低应力高周疲劳时应选择强度高的材料;在损伤容限设计与分析中,应选择裂纹扩展速率较低、断裂韧性较高的材料。

② 减少应力集中,如加大应力集中部位的圆角半径,降低表面粗糙度等。

③ 采用机械处理和热机械处理,如采用锻造工艺、时效处理等。

④ 采用表面冷作强化(喷丸、滚压强化、冲击强化、机械超载)、表面热处理强化(表面淬火、渗碳、渗氮等)。

⑤ 建立预应力或预紧力。

(4)针对腐蚀故障,主要通过防腐蚀设计来延长腐蚀环境下产品的使用寿命。

① 选择耐腐蚀性能较好的材料。

② 采用表面防腐蚀工艺处理,如采用涂层隔离结构和外界环境,防止腐蚀介质的侵蚀。

③ 采用防腐蚀结构,如合理设计结构布局和结构细节,通过密封、通风、填充等措施,尽量避免腐蚀介质接触或积存在易腐蚀部位。

(5)针对老化故障,主要通过贯标选型、强化检验、定期更换等方式来提高可靠性。

① 贯标选型。"贯标"是指对于橡胶、塑料等非金属制品,如塑料管、橡胶管、橡胶油箱等零部件,可根据相应国家标准或行业标准给出的寿命,通过选用提高型号标准要求的方法实现可靠性增长。

② 强化检验。不允许有软化、硬化、尺寸变化、表面喷碳、凸起、凹陷、流痕等表面状态等变化。不允许有机械损伤、分层、曲折、永久变形、显著的霉菌腐蚀以及橡胶金属锈蚀等现象。在不大于 5 倍的工具放大镜下观察弯曲或扭曲的橡胶制品表面不允许有裂纹。

③ 定期更换。通过在自行火炮使用维护说明书中确定合理的修理次数与修理间隔要求,及时更换非金属件的方法来保证系统可靠性增长。

4.1.4　方案的动态试验验证评估

通过加强可靠性分析,还要重视模拟试验、仿真方法和定量计算,综合采用各种可靠性强化试验,评估改进效果。如针对管(线)路进行动态仿真试验,对固定连接的密封形式、防松结构和材料选择等进行应力筛选试验,以及环境加速台架试验,并通过多项检测环节加强对系统部件的可靠性控制;将路面激励、行驶速度、不同测点、不同方向振动综合,模拟整炮冲击振动,考核管(线)路连接结构、安装固定结构可靠性;利用环境模拟等试验方法,考核管(线)路高、低温时的可靠性。从而验证和评估各种形式的管(线)路紧固密封可靠性增长改进的可行性和效果;通过"试验—分析—改进"(TAAF)的可靠性增长过程,提高管(线)路紧固密封的可靠性,通过整炮的可靠性增长试验或可靠性鉴定试验,评估改进效果。

4.2 基于应力分析的可靠性设计改进

4.2.1 基于振动冲击应力分析的可靠性设计改进

1. 振动机理分析

通过自行火炮虚拟样机模型的研究,结合自行火炮行驶环境、振动冲击传递路径、底盘结构及其动态响应特性,发现来自地面的高频连续冲击激励与低频大振幅瞬态冲击激励、动力传动系统的冲击激励以及行动系统部件本身的冲击激励是影响系统可靠性的主要因素,建立自行火炮设计参数与动态响应之间的定量关系,提出解决振动冲击问题的技术途径。

2. 设计改进方案

1)悬挂性能优化改进

为了减弱来自地面的振动冲击对自行火炮可靠性的影响,首先对行动系统进行总体布局优化,实现弹性中心和悬置质量中心的合理匹配;其次对减振器、扭力轴等行动系统部件采用阻尼减振、动力减振、摩擦减振、冲击减振等方法消耗或者吸收振动冲击能量,并对各部件之间性能参数进行优化匹配,实现悬挂系统减振缓冲性能的改善和提高。

2)动力传动系统的优化改进

为了减弱来自动力传动系统的振动冲击对相关部件可靠性的影响,利用结构强度的有限元分析、系统仿真分析等手段,优选弹性材料,改进动力传动弹性支撑,提高隔振减振效能;优化弹性联轴器设计,抑制扭振载荷;通过分析动力传动连接振动状况,进行动态优化计算,实现性能参数的合理匹配。

3)车体及炮塔安装部件的减振优化改进

通过一体化、模块化设计,提高车体刚强度,降低车体的重心,优化车体结构设计,提高车体的抗振性能;对安装部件进行优化布局,避开强振动位置;通过选择新型减振材料和连接方式,对火控计算机、惯性导航装置与"北斗"等安装部件的缓冲装置进行减振设计优化。

3. 方案动态试验验证

用实物样机进行道路模拟台架强化试验,对整炮系统及部件与振动相关的性能进行综合测试与分析,对优化改进方案进行动态验证和评价,并与动态仿真计算互为验证,经过设计方案→仿真分析→试验验证→方案改进的反复迭代,完成方案优化。振动冲击应力改进流程见图 4-1。

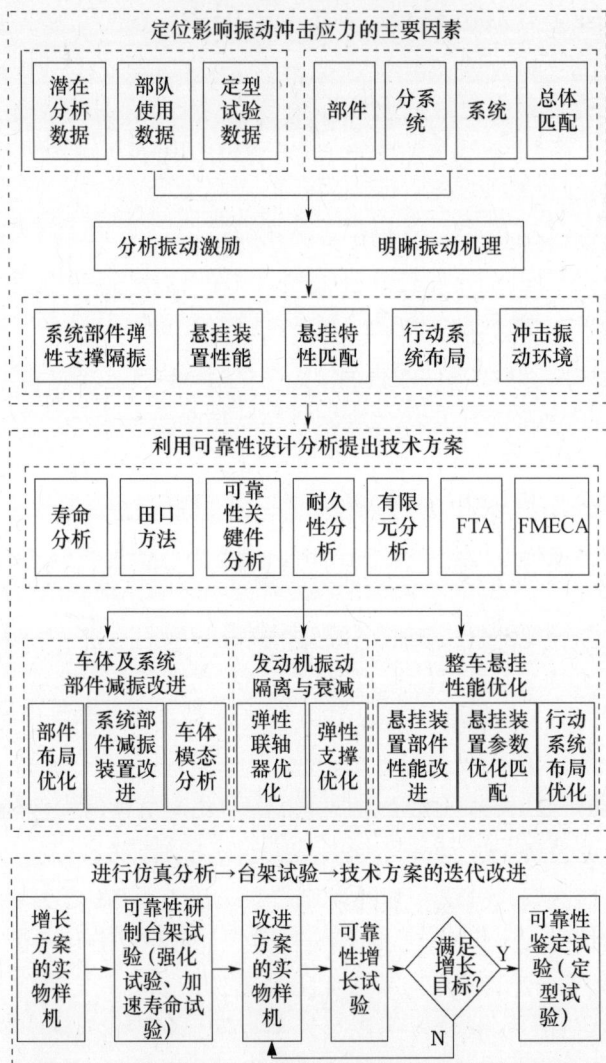

图 4-1　振动冲击改进路线图

4.2.2　基于温度冲击应力分析的可靠性设计改进

通过合理的散热设计降低产品的温度冲击应力,避免高温导致故障,从而提高产品可靠性。为了使设计的产品性能和工作温度不被不合适的热特性所破坏,必须对热敏感的产品实施热分析,确保不会有元器件暴露在超过线路应力分析和最坏情况的温度环境中。热设计的主要方法包括提高导热系统的传导散热设计、对流散热设计、辐射散热设计和耐热设计。

1. 温度冲击影响因素分析

通过应用 FMECA、FTA、流场分析、温度场分析、仿真分析等手段,与试验验证结合,分析产生温度应力的主要因素,发现自行火炮热源主要包括发动机、电源、炮闩身管、反后坐装置、运动摩擦、计算机以及其他电子元器件等。通过分析温度应力产生的原因,定位影响温度冲击应力的主要因素,有针对性地提出解决温度冲击应力问题的途径,实施有效的设计改进。

2. 设计改进方案

1)热源部件热传递的优化改进

热辐射的大小与热源部件的表面温度有关,降低热源部件的表面温度可以大幅降低热源部件的辐射热。首先,改进热源部件的热设计,如对动力传动装置冷却水(油)路的结构和冷却液流速进行精确设计,或针对不同部位采用分流式冷却,提高热源部件与冷却液的换热效率,降低部件表面温度;其次,在热源部件热量传递的关键部位采用新材料和新工艺,如采用陶瓷等低导热率材料减少热传递;第三,在热源部件主要的高温部位,例如涡轮增压器和排气管等位置采用热障涂层结合包裹技术,降低热源部件向外辐射的热量。

2)热敏感部件热设计的优化改进

热敏感部件热设计时应充分考虑使用的温度环境,减少因温度造成的失效。首先,充分考虑材料的温度适用范围,选取合适的材料;其次,针对使用环境改进自身的热设计,如在电器部件上设计冷板、将风冷空气压缩机改为水冷空气压缩机等,提高热敏感部件自身对温度应力的适应性。

3)动力舱散热设计的优化改进

建立动力舱散热特性仿真分析模型,进行动力舱流场与温度场分析,掌握动力传动装置的动态热特性,通过导热系统的传导散热设计、对流散热设计、辐射散热设计和耐热设计,优化动力舱布局和空气流动路径,降低关键部位的表面温度和热敏感部件所处的环境温度。

3. 方案的动态试验验证

用实物样机通过底盘辅助系统总体匹配实验台进行动力舱流场与温度场模拟试验,对改进方案进行验证和评价,并与动态仿真计算互为验证,经过设计方案→仿真分析→实验验证→方案改进的反复迭代,完成方案优化。温度应力改进流程见图 4-2。

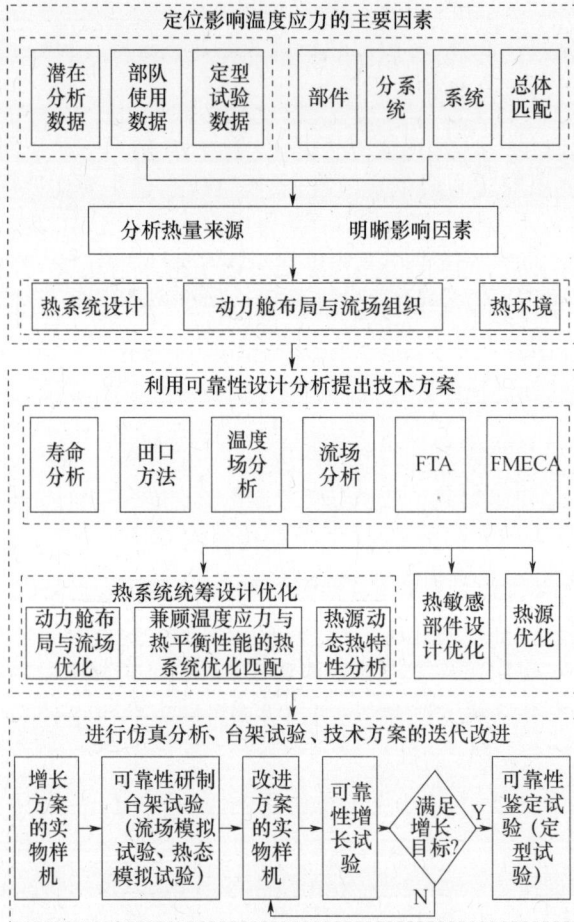

图 4-2 温度应力改进路线图

4.2.3 基于电应力分析的可靠性设计改进

1. 电气系统总体设计优化

通过静态和各任务剖面动态供电平衡分析,优化电网拓扑结构;制定电气设备用电需求规范,约束用电设备电源特性设计;优化电缆和接地布局;规范电缆、电连接器选型;采用冗余设计、电路容差设计、防瞬态过应力设计等方法,减少电网故障发生率。

2. 电源系统功率裕度设计优化

随着自行火炮大功率电气装置的不断增多,发电功率的裕度相对不足。为了满足更多负载的用电需求,通过承载的负荷计算、短路的电源计算、电压等级的选择、保护配置、馈线等优化设计,保证电源系统功率与负载之间有足够的安全裕度;优化发电机设计,提高功率密度,增大电源系统的固有功率裕度。

3. 整炮负载综合管理优化

分析不同任务剖面下负载的优先级、工作方式、工作时间以及电气特性,搭建每类负载试验台架,获得负载工作曲线,研究负载上供电时序、软启动、抛载冲击抑制、过载保护以及短路保护等,加强负载配电控制管理,优化管理策略,实现负载综合管理优化。

4. 部件可靠性设计改进

通过降额设计和裕度设计等可靠性设计方法对部件进行优化改进设计,控制元器件的质量等级和蓄电池、电旋的选型标准,优选发电机、起动机的关键材料,加强关键工艺控制和元器件、板级筛选,确保关重部件的性能与可靠性。电应力问题可靠性改进流程如图4-3所示。

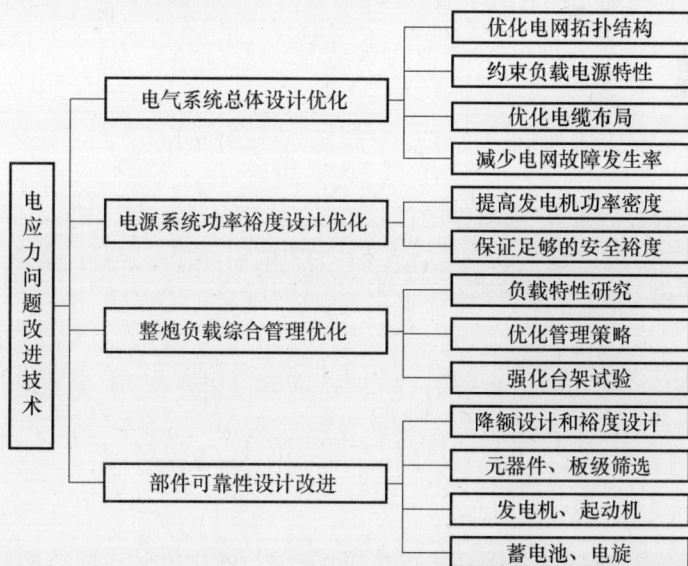

图4-3　电应力问题可靠性改进流程图

4.3　基于工艺优化的可靠性设计改进

4.3.1　工艺设计分析

要注重工艺与产品结构设计的协同性,通过对传统工艺流程的研究、分析,找出影响产品可靠性的各种因素,优化工艺流程,使产品零部件的加工难度减小、加工更加快捷;克服流程周期长、稳定性差的弊端,减少人为因素对产品质量与可靠性的影响。

4.3.2　工艺方案优化改进

综合考虑加工方法、工艺流程、工艺参数、刀夹量具、人员设备能力等因素,优化加工工艺。例如对炮塔体加工工艺进行改进,通过压淬生产线,实现高强度薄装甲钢板压淬一次成型,减少人工校正;通过优化施焊位置、引用填充技术、调整工序流程、规范工艺标准等,减少炮塔体焊接缺陷。表面处理改进工艺,通过超声波清理技术 PLC 管控表面处理线,提升防腐性能。

对装配控制工艺改进,通过虚拟预装配、气动生产线改造加强装配过程各环节的控制。增加专用装配工装,提高装配精度,例如在平衡机装配时设计了专用的 O 形圈预装辅具,避免 O 形圈在装配时的损坏,从而减少平衡机漏油现象发生。

对检验工艺改进,通过增加专用检测设备仪器、量辅具,如增加在线检测系统,细化检测项点,减少人为误差,加强对关键件、重要件的专项复验。依据规范,强化外购件、外协件、配套件的检验验收。

对总装调试工艺改进,优化装配调试工艺流程,按产品特性、安全特性要求细化作业流程,细化关键项点的调试工艺,明确定量控制要求,提高装配调试可靠性。

工艺优化主要包括工艺设计优化、加工制造工艺优化、装配控制工艺优化、检验工艺优化、装配调试及试验优化等五部分。工艺改进流程如图 4-4 所示。

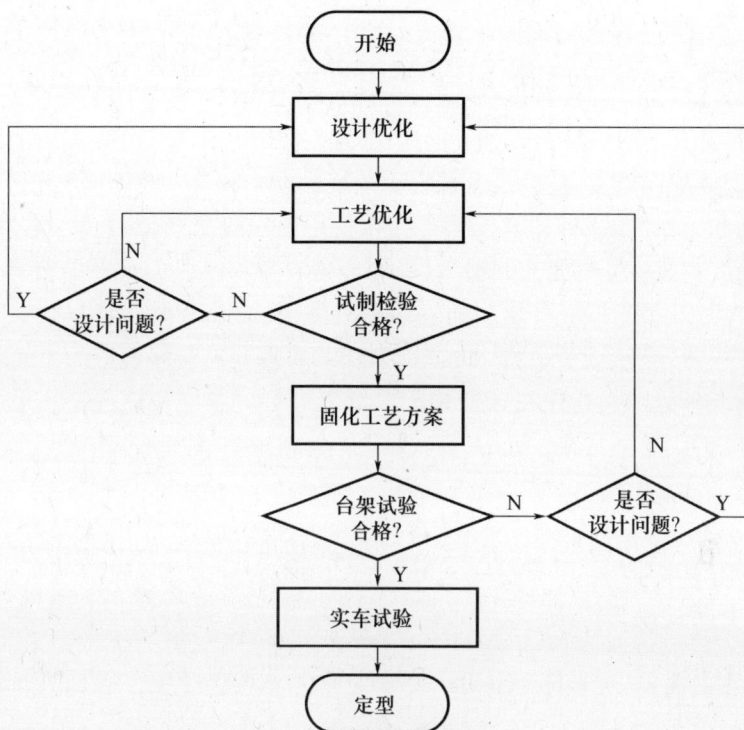

图 4 – 4　工艺改进路线图

4.4　基于检验试验的可靠性改进

4.4.1　原材料检验试验

　　优选原材料选用手册中材料的品号规格;严格原材料的入厂复验;严格控制原材料定点供应和代用,避免换型带来的材料缺陷。

　　对于金属类原材料,主要通过检测化学成分、检查断口金相组织、拉伸冲击试验、磁粉探伤等方法发现原材料缺陷。对于非金属材料,主要通过磨耗性试验、金属沾附性和腐蚀性试验、耐臭氧老化试验等方法发现原材料缺陷。通过改进完善检验检测手段,早期发现和剔除材料缺陷,确保零部件和系统的可靠性。例如,应用 CT 探伤技术对自行火炮身管毛坯进行无损检查,可以发现磁粉探伤等传统方法无法检测的偏析、夹杂等内在缺陷,确保身管的可靠性。

4.4.2　元器件检验试验

元器件缺陷主要是通过环境应力筛选,在产品出厂或入厂检验时施加高于环境应力均值的筛选应力,迫使产品中耐环境应力的薄弱部分提前以故障形式暴露出来,并加以修复,使产品各部分耐环境的能力提高,减少生产过程引入的潜在缺陷和元器件缺陷(即在元器件投入使用前剔除早期缺陷)。通过产品对振动和温度响应特性的研究,确定合理的环境应力和电应力水平以及筛选时机和筛选时间,既保证将尽可能多的缺陷以故障形式表现和暴露出来,又不使产品受到过应力,损坏原来好的部分或引入新的缺陷。三级环境应力(器件级、板级和系统级)筛选时,优先在较低装配级别上进行。制定元器件选用和控制清单,压缩规格数量。元器件选用控制改进流程如图4－5所示。

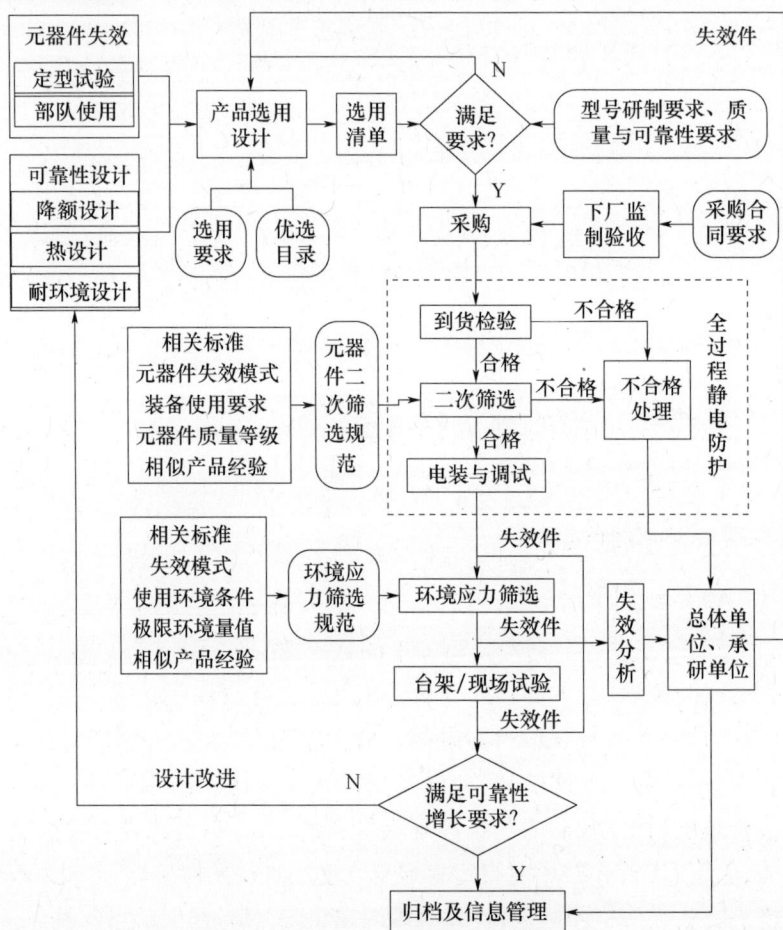

图4－5　元器件选用控制改进流程图

4.4.3　外购外协件检验试验

对单一来源的外购外协件,通过考察配套单位的可靠性管理水平,督促并协助配套单位不断改进出厂试验方法,提高出厂检验标准,保证交付产品的可靠性。

对多个来源的外购外协件,通过同等条件下比对试验的方法,优中选优,确保产品的可靠性。如某型自行火炮履带板选用时,将多个厂家的产品组合成一条履带进行行驶试验,最后选用可靠性最佳的厂家产品。

对于在配套单位无法进行的可靠性检测项目,可以搭载系统可靠性试验进行。搭载试验前,要在配套和系统的《产品制造与验收规范》中明确试验项目的时机、方法和手段;搭载试验进行时,总体单位要通知配套单位及其监督代表参与试验或反馈外购外协件可靠性的评价结果。外购外协件选用控制流程如图4-6所示。

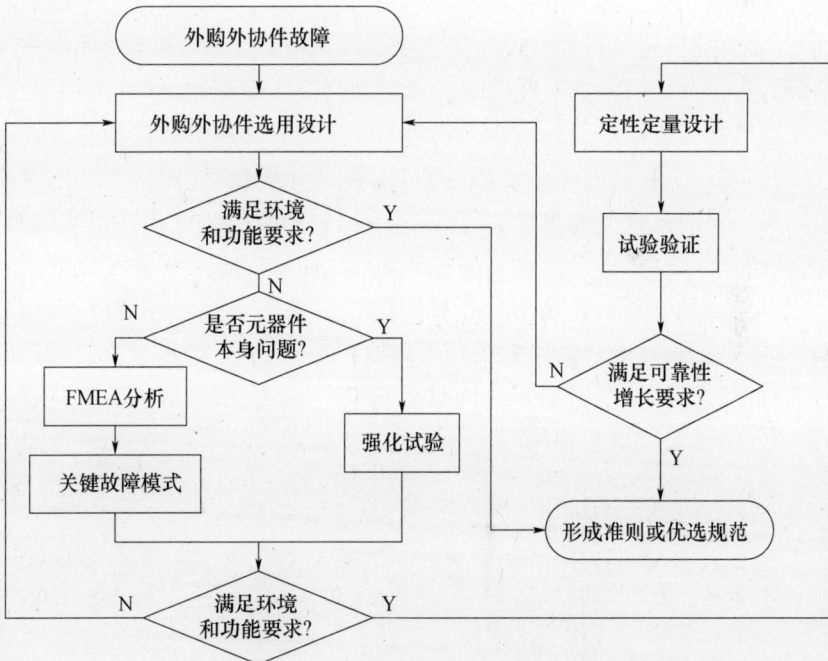

图4-6　外购外协件控制流程图

4.4.4　系统(分系统)检验试验

(1) 对系统(分系统)零部件的检验试验,通过提高量具的精度、量程,增加检测手段,前置检测时机来控制。例如将三坐标检测设备由理化实验室前置到生产线上,将生产过程中由夹具保证的检验项目进行实时检测,以自动检测替代人工检验等方法,降低零部件可靠性的接受风险。

(2) 对分系统检验试验的改进,主要通过 FMECA、FTA 等方法对分系统的故障影响因素进行分析,找出影响分系统可靠性的薄弱环节,针对薄弱环节和任务剖面设计试验台架,采用抽样检验的方式,通过强化试验如耐久性试验、寿命试验、高加速试验等手段进行可靠性试验与评价;或利用相应的模拟负载平台对不达标的产品进行试验,防止可靠性不达标的分系统转入系统总装。如针对油箱焊缝易漏油问题,搭建了油箱振动冲击试验平台,在 1/2 油量条件下进行低频高振幅试验(最易失效的故障模式),对油箱焊接可靠性进行考核与筛选。

(3) 对系统检验试验的改进。建立调试测试平台,检测分系统间接口关系的可靠性,实现最优的参数匹配关系。如对某自行火炮搭建了一体吊装测试平台,在发动机与变速箱组合入舱前进行匹配调试,避免入舱后参数匹配结果难以测试的问题。完善动态测量手段,通过大数据处理技术、传感器和测试系统的改进,实现动态参数准确实时的测试与记录,为虚拟样机建模提供基础数据。拓展实验室条件建设,将以前由于基础条件制约,只在定型试验考核的试验项目转变为批产考核项目,提高交付系统时的可靠性。如:传统的自行火炮高低温试验或高原试验只能在试验靶场利用自然条件进行,定型后又没有列为验收项目,随着检验检测技术基础条件的改善和提升,应该在例行试验中对系统的可靠性达标情况进行检测和评价。

第5章 自行火炮可靠性增长试验

自行火炮可靠性增长试验是有计划、有目标地对自行火炮施加模拟实际环境的综合环境应力及工作应力,以激发故障、分析故障从而改进设计和工艺,验证改进措施的有效性而进行的试验。

5.1 可靠性增长试验概述

5.1.1 可靠性增长试验概念

可靠性增长试验是一种有计划的试验、分析和改进的过程,是实现可靠性增长、达到预期可靠性增长目的的有效途径。它可以用于了解产品可靠性与规定要求的接近程度,并通过对发现的问题采取有效的纠正措施,进一步提高产品的可靠性,其核心是试验→分析→改进→再试验(TAAF)的循环过程。

可靠性增长试验的目的是通过对受试自行火炮施加环境应力和工作应力来激发自行火炮的设计和工艺缺陷,并加以分析定位、采取设计和工艺改进措施而使自行火炮的固有可靠性水平得到切实的提高,其作用是提高自行火炮可靠性,降低全寿命周期费用。成功的可靠性增长试验可以代替可靠性鉴定试验,但应得到订购方的批准。

进行可靠性增长试验前,应具备以下前提:

(1) 受试自行火炮已开展了可靠性设计,且预计值应大于可靠性规定值。

(2) 试验前开展了故障模式、影响(及危害性)分析(FME(C)A)工作,以便试验中发生故障时能够准确定位、及时采取有效的纠正措施。

(3) 受试自行火炮中的电子类产品应通过环境应力筛选,同批电子产品应完成环境试验。

(4) 对试验中出现的 B 类故障,应进行故障分析,并应举一反三,以扩大改进设计的工作内容。

(5) 在可靠性增长试验过程中严格按其规定的大纲、程序要求进行实施、跟踪与监控。

5.1.2　可靠性增长试验的对象

　　可靠性增长试验虽然是提高产品可靠性水平的一种有效手段,但因其费用高,时间较长,通常只用于关键产品、高风险或复杂的产品。所以在进行可靠性增长试验之前,应对其必要性进行仔细分析。可靠性增长试验是一个有定量目标的试验,其试验时间较长,取决于合同(或规范)规定的可靠性要求,一般要取要求值的 5 ~ 25 倍。可靠性增长试验花费时间和经费较多,在试验前需进行充分的费效分析。对于结构简单、标准化、系列化程度较高的产品,一般没有必要安排专门的增长试验。具备下述四个条件之一的产品,应尽可能安排可靠性增长试验:

　　(1) 对型号可靠性、安全性及任务完成等有重大影响的产品。

　　(2) 新研或重大技术更改后的复杂产品。

　　(3) 沿用其他型号但不能满足新型号可靠性要求的重要产品。

　　(4) 沿用的环境条件发生较大变化(较先前的严酷)的重要产品。

5.1.3　可靠性增长试验考虑因素与环境条件

　　根据可靠性增长的目的和目标确定可靠性增长试验项目、试验方法、评价方法,用于可靠性增长试验的样机必须能代表预期批生产产品的技术状态和生产工艺,一般安排在环境鉴定试验后、可靠性鉴定试验前进行。

1. 可靠性增长试验的环境因素

　　(1) 单一环境。如温度、湿度、海拔高度、砂和尘、冲击振动等。

　　(2) 组合环境。环境影响往往不是单一作用在自行火炮上,也可能遇到多种环境应力复合的影响,可在考虑单一环境应力的基础上,考虑组合应力的影响。

　　(3) 工作环境。自行火炮在实际使用过程中,各分系统、各部位工作状态不同导致工作环境应力也存在差异,如自行火炮射击、发动机运转等。经过对各系统工作状态的监视、测量和统计分析,可以得到各系统各部位的环境应力的极限条件。

2. 可靠性增长试验的环境设置

　　可靠性增长试验是一种特定的可靠性试验,不仅要激发出产品的设计缺陷,采取纠正措施并验证纠正措施的有效性,使产品的固有可靠性得到切实的增长,同时,还要评估出产品的实际可靠性水平。这一目标使得其使用的环境条件受到限制,即必须模拟真实的使用环境,而不能使用高应力来加快激发故障的速度。

5.1.4　故障报告、分析和纠正措施系统

故障报告、分析和纠正措施系统(FRACAS)的建立目的是及时报告产品的故障,分析故障原因,制定和实施有效的纠正措施,以防止故障再现。FRACAS主要包括以下几个方面:

1. 故障报告

合同规定层次产品所发生的故障都应及时报告。故障报告内容包括识别故障件的信息、故障现象、试验条件、机内检测(BIT)指示、发生故障的产品工作时间、故障观测者、故障发生时机,以及观测故障时的环境条件等,应准确填写故障报告内容。

2. 故障核实

按发生故障时的实际情况,通过重现故障模式或依靠故障证据(泄漏残余、损坏的硬件和机内检测指示等)核实报告的故障内容,对缺乏证据的情况给予说明。

3. 故障分析

对报告的故障进行分析,从而确定故障原因。故障报告闭环系统要为故障调查和分析提供有关文件资料。从需要的硬件或软件产品层次进行故障分析,根据具体情况可采用试验、分解、X 射线、显微镜分析和应用研究等方法,进行故障调查和分析。

4. 纠正措施

故障原因确定以后,责任单位要制定纠正措施并予以实施,防止或减少同类故障再次发生。纠正措施按工程更改程序有关规定进行。

5. 故障报告结束

根据要求及时地对报告的每个故障予以分析并采取纠正措施,使其取得效果,并使难处理的或尚未解决的故障积压减少到最低程度。在纠正措施实施并证实有效或对不采取纠正措施的故障说明理由以后,可以认为故障报告的工作已经完成。及时审查未解决的问题,确定其终止日期,以确保及时结束故障报告工作。对未能采取纠正措施的遗留问题拉条挂账。

6. 故障件的识别和控制

对所有的故障件作出明显标记,以便于识别、控制、处置,必要时对现场加以保护。故障调查和分析完成后,妥善保管典型的、重要的故障件。

7. 故障信息管理

保证故障信息的完整性和准确性。统一管理和保存所有报告的故障信息,保存可采用文字档案和数据库方式。

5.2 可靠性增长模型

在可靠性增长管理与分析中,必须根据可靠性增长试验特点,建立与可靠性增长试验相适应的数学模型,以描述增长过程中产品可靠性变化情况,这种与可靠性增长规划相适应、用于描述产品可靠性变化的数学模型称为可靠性增长模型。可靠性增长模型是开展可靠性增长研究的基础,有助于动态评价与分析产品可靠性水平,制定新产品研制可靠性工作计划,包括人力、物力、财力等安排。

5.2.1 可靠性增长模型创建过程

1. 要求的可靠性 MTBF 值

一般情况下,要求的可靠性 MTBF 值 θ_F,即系统可靠性增长的总目标,在合同或技术文件中已明确规定。也就是说,在可靠性增长规划中,θ_F 的值是给定的。可靠性增长的总目标 θ_F 不能高于系统可靠性增长潜力 θ_{GP},θ_{GP} 对应的故障率 $\lambda_{GP}(\lambda_{GP}=1/\theta_{GP})$。否则,可靠性增长的总目标将不能实现。

系统可靠性的增长潜力是指在系统的设计和可靠性增长管理策略下,系统最大可以达到的可靠性值。由于经费、技术和时间的约束,系统的故障率通常分为两部分:当故障发生时不进行系统设计纠正的 A 类故障,其故障率为 λ_A;故障发生后进行系统设计纠正的 B 类故障,其故障率为 λ_B。因此,可得系统起始的故障率 λ_I 和可靠性增长潜力 λ_{GP} 分别为

$$\lambda_I = \lambda_A + \lambda_B \tag{5-1}$$

$$\lambda_F \geqslant \lambda_{GP} = \lambda_A + (1-d)\lambda_B = (1-dk)\lambda_I \tag{5-2}$$

$$\theta_F \leqslant \theta_{GP} = \theta_I(1-dk) \tag{5-3}$$

式中,$k=\lambda_B/\lambda_I$ 为纠正率,反映纠正的故障模式占总故障模式的百分比;纠正有效性系数 d 是指在引入纠正措施后该故障模式故障率降低的百分比。k 和 d 即

为可靠性增长管理策略的两个内容,k 的范围通常在 $0.85 \sim 0.95$;d 的均值和中位数分别为 0.70 和 0.71,范围在 $0.55 \sim 0.85$。

如果对于特定的增长策略,增长目标高于增长潜力,则应重新审定与修改增长策略,如增加 B 类故障的比重,增大 k 值,或加强纠正强度,增大 d 值。如果几经修改增长策略,增长潜力仍低于增长目标,而且增长策略确实是积极的,可以考虑增长目标是否确实定得偏高。

2. 规划的可靠性增长率

增长率即为对数坐标系下理想增长曲线的斜率,Duane 模型中的 m 在 $0 \sim 1$ 取值。确定一个合理的规划的可靠性增长率非常重要,因为增长率的微小变化将引起总试验时间的显著变化。

规划的增长率是根据可靠性增长管理过程中对故障的发现、分析和排除的有效性来确定的,它与实施可靠性增长管理部门的管理水平,故障报告、分析和纠正措施系统(FRACAS)的运转速度和效率,对故障所采取的纠正措施是否得力以及系统的类型、成熟程度和复杂程度等多种因素有关。用于确定可靠性增长率的几个规则如下:

(1)分系统的增长率高于系统的增长率。

(2)电子产品硬件的增长率高于机械产品硬件的增长率。

(3)新研制系统的增长率高于成熟系统的增长率。

(4)FRACAS 的运转速度越快,增长率越高。

(5)纠正措施越有效,增长率越高。

3. 可靠性增长的起始 MTBF 值

可靠性增长的起始 MTBF 值 θ_1 是指实施可靠性增长管理之前系统的 MTBF 值,它是衡量可靠性是否提高及提高程度的参考基数。起始 MTBF 是一个非常重要的参数,它对总试验时间的影响也非常大。

事实上,如果其他参数不变,θ_1 的选取直接影响到总试验时间的大小。如果 θ_1 值过高,会使总试验时间过短,造成增长管理结束时达到可靠性要求值的风险加大;而 θ_1 太低,会使总试验时间太长,增加不必要的浪费。因此,确定符合系统实际可靠性值的起始点非常重要。

对于可靠性增长试验起始 MTBF 的确定一般采取以下几种方法:

(1)根据其他类似系统试验信息确定起始点的 MTBF。

(2)指定为满足规定的要求必须达到的最低可靠性水平为起始点的 MT-BF。

（3）对本系统设计和以往某项研制试验的数据做一次工程上的估计，定出起始点的 MTBF。

（4）确定起始点的 MTBF 为预计值的 10%，当预计 MTBF 的值大于 200h 时，起始时间为预计 MTBF 的 50%；小于 200h 时起始时间为 100h。

4. 可靠性增长的起始时间点

可靠性增长试验开始时间点为 $t=0$，但增长的起始时间点并不是开始可靠性增长试验的时间点，而应该是增长开始发生的时间点，即第一次进行故障纠正的时间点。要使系统的可靠性增长，就必须对系统的故障采取纠正措施，其前提条件是必须有故障发生。确定可靠性增长起始时间点的方法有以下几种：

1）标准规定

GJB1407《可靠性增长试验》提供了一种通过产品可靠性预计值 θ_{pre} 来粗略估计起始时间 t_1 的方法，即当预计值 $\theta_{\mathrm{pre}} < 200\mathrm{h}$，则 $t_1 = 100\mathrm{h}$；当预计值 $\theta_{\mathrm{pre}} > 200\mathrm{h}$，$t_1 = 50\% \theta_{\mathrm{pre}}$。此方法在没有可利用的数据情况下，可以用来粗略计算。

2）计算法

由于只有故障发生才能实施纠正措施，实现可靠性增长。因此，t_1 可以这样计算：令区间 $(0, t_1]$ 内至少观测到一次需修正故障的概率 p 合理地高，假设故障的发生服从泊松分布，则

$$t_1 = \frac{(1 - dk)\theta_{\mathrm{p}}}{k}\ln\frac{1}{1 - p} \qquad (5-4)$$

式中，p 为在 $(0. t_1)$ 内发生一次故障的概率，通常，p 的取值为 0.90。

5. 总试验时间

可靠性增长是一项有计划、有目标的工作项目，其中极其重要的是确定试验时间。试验时间直接影响到可靠性增长所需的资源，时间越长往往需要花费的资源越多，总试验时间往往受到经费制约。

5.2.2 Duane 模型

国内外的可靠性增长规划中，最常用的是 Duane 模型，这不仅是因为 Duane 模型的参数具有工程实际意义，而且该模型具有很好的图形特性，便于两种曲线的绘制。在自行火炮可靠性增长研究中，也可选用 Duane 模型作为试验模型。

1. 数学描述

Duane 模型指出：在系统的研制试验中，如果不断地纠正故障，则系统的累

积故障数 $N(t)$ 除以累积试验时间 t 的商,相对于累积试验时间,在双对数坐标纸上趋近于一条直线。记可靠性增长的起始时间点为 t_I(即第一次引入故障纠正,系统可靠性开始增长的时间,$0 \sim t_I$ 试验段内系统的可靠性不增长),可靠性增长的结束时间点为 t_F,根据 Duane 模型,有

$$\ln \frac{N(t)}{t} = \ln a - m \ln t, t_I < t < t_F \tag{5-5}$$

或

$$N(t) = at^{1-m}, t_I < t < t_F \tag{5-6}$$

式中,m 为增长率,在 $0 \sim 1$ 取值,它的大小反映系统可靠性增长速度的快慢;a 为常数。

已知 t 时刻系统累积故障率为 $\lambda_c(t) = N(t)/t$,累积 MTBF 值 $\theta_c(t)$ 为累积故障率的倒数,即 $\theta_c(t) = 1/\lambda_c(t)$,则有

$$\theta_c(t) = t^m/a \tag{5-7}$$

又已知,t 时刻系统瞬时故障率为 $\lambda(t) = \mathrm{d}N(t)/\mathrm{d}t$,瞬时 MTBF $\theta(t)$ 为 $\theta(t) = 1/\lambda(t)$,则 Duane 模型可表达为

$$\ln \theta(t) = m \ln t - \ln a - \ln(1-m), t_I < t < t_F \tag{5-8}$$

或

$$\theta(t) = \frac{t^m}{a(1-m)}, t_I < t < t_F \tag{5-9}$$

记系统可靠性增长的起始 MTBF 为 θ_I(即起始时间点 t_I 时的累积 MTBF 值),代入式(3-3)有 $a = t_I^m/\theta_I$,则

$$\theta(t) = \theta_I \left(\frac{t}{t_I} \right)^m \frac{1}{1-m}, t_I \leqslant t \leqslant t_F \tag{5-10}$$

把第一试验段 $(0, t_I]$ 纳入公式后,可靠性增长的模型可表示为

$$\theta(t) = \begin{cases} \theta_I, 0 < t < t_I \\ \theta_I \left(\dfrac{t}{t_I} \right)^m \dfrac{1}{1-m}, (t_I \leqslant t \leqslant t_F) \end{cases} \tag{5-11}$$

2. 关键参数确定

记 θ_F 为要求的 MTBF 值,即增长目标;t_F 为达到增长目标所需的累积试验时间,即总试验时间。则理想曲线应通过坐标点 (t_F, θ_F)。理想曲线含下列五个参数:

(1)要求的可靠性 MTBF 值 θ_F。

（2）达到增长目标时的总试验时间 t_{F}。

（3）可靠性增长的起始 MTBF 值 θ_{I}。

（4）可靠性增长的起始时间点 t_{I}。

（5）可靠性增长率 m。

把坐标点 $(t_{\mathrm{F}},\theta_{\mathrm{F}})$ 代入式（5 – 10），则得出参数之间的关系：

$$\theta_{\mathrm{F}} = \theta_I \left(\frac{t_{\mathrm{F}}}{t_{\mathrm{I}}} \right)^m \frac{1}{1-m} \qquad (5-12)$$

可见，五个参数中只要确定了其中四个就确定了唯一一条用于制定增长计划的理想曲线。选用哪四个参数，其具体数值多少，通常都要根据工程要求与现实可能性而进行权衡。

5.2.3 AMSAA 模型

1. 数学描述

在 $(0,t]$ 试验时间内，受试产品故障 $n(t)$ 是一个随机变量。随着 t 的变化，$n(t)$ 也在变化，这就形成了一个随机过程，记为 $\{n(t),t\geq 0\}$。

AMSAA 模型的均值函数为

$$E[n(t)] = N(t) = at^b \qquad (5-13)$$

式中：a 为尺度参数，$a>0$；b 为形状参数，$b>0$。

1）瞬时故障率表示的 AMSAA 模型

在增长过程中，累计故障率是一个非齐次泊松过程，其瞬时故障率为

$$\lambda(t) = \frac{\mathrm{d}N(t)}{\mathrm{d}t} = abt^{b-1} \qquad (5-14)$$

将 $m=1-b$ 代入上式，即得到 Duane 相同的表达形式。可见，AMSAA 模型的数学期望与 Duane 模型是一致的。

2）MTBF 值表示的 AMSAA 模型

用瞬时 MTBF 表示的 AMSAA 模型的表达式为

$$\theta(t) = \frac{1}{\lambda(t)} = \frac{1}{abt^{b-1}} = \frac{t^{1-b}}{ab} \qquad (5-15)$$

2. 参数估计

对 AMSAA 模型的尺度参数 a 和形状参数 b 进行估计的目的有两个：①可以利用 b 的估计值进行增长趋势检验；②对 MTBF 及 $\lambda(t)$ 进行估计，当 $N\leq 20$ 时，用 a 和 b 的无偏估计来估计 $\lambda(t)$ 和 MTBF，当 $N>20$ 时，用 a 和 b 的极大似

然估计来进行 $\lambda(t)$ 和 MTBF 估计。

1）a,b 的极大似然估计

$$\hat{a} = \frac{M}{T^{\hat{b}}} \tag{5-16}$$

$$\hat{b} = \frac{M}{M\ln T - \sum\limits_{j=1}^{n} \ln t_j} \tag{5-17}$$

2）a,b 的无偏估计

$$\bar{a} = \frac{M}{T^{\bar{b}}} \tag{5-18}$$

$$\bar{b} = \frac{M-1}{\sum\limits_{j=1}^{n} \ln \dfrac{T}{t_j}} \tag{5-19}$$

3. 增长趋势统计分析

AMSAA 模型的增长趋势统计分析是对产品在试验中可靠性有无变化作出概率判定。常用的方法有 EMBED Equation. DSMT4 U 检验法、EMBED Equation. DSMT4 χ^2 检验法和参数检验法，可以任选其一，结果是一致的。在增长趋势统计分析中，产品在试验过程中的故障时间序列应满足递增排列，即 $t_1 < t_2 < t_3 < \cdots < T$。

1）U 检验法

U 检验的统计量为

$$U = \left[\frac{\sum\limits_{j=1}^{M} t_j}{MT} - \frac{1}{2} \right] \sqrt{12M}, j = 1,2,\cdots,n \tag{5-20}$$

式中，M 为 AMSAA 模型统计故障总数；$M = N$ 为定时截尾；$M = N - 1$ 为定数截尾。

U 检验步骤：

由式（5-20）计算统计量 U，根据给定的显著水平 α，查表 5-1 可以得到临界值 U_0，并对 U 和 U_0 进行比较。

当 $U \leqslant -U_0$ 时，以显著性水平 α 表示可靠性有明显的增长趋势；

当 $U \leqslant U_0$ 时，以显著性水平 α 表示可靠性有明显的降低趋势；

当 $-U_0 < U \leqslant U_0$ 时，以显著性水平 α 表示可靠性没有明显的变化趋势。

表 5 – 1　U 的临界值 U_0

α /%	M					
	1	2	3	4	5	≥6
0.2	1.73	2.34	2.64	2.78	2.86	3.09
1	1.72	2.21	2.38	2.45	2.47	2.58
2	1.70	2.10	2.22	2.25	2.27	2.33
5	1.65	1.90	1.94	1.94	1.94	1.96
10	1.56	1.68	1.66	1.65	1.65	1.65
20	1.39	1.35	1.31	1.31	1.30	1.28
30	1.21	1.11	1.07	1.06	1.06	1.04
40	1.04	0.90	0.87	0.87	0.86	0.84
50	0.87	0.72	0.71	0.70	0.69	0.67

2) χ^2 检验法

χ^2 检验的统计量为

$$\chi^2 = \frac{2(M-1)}{\bar{b}} \qquad (5-21)$$

χ^2 检验方法步骤：

通过式(5 – 21)计算统计量 χ^2，根据给定的显著水平 α，查 χ^2 上侧分位表可以得到双侧临界值 $\chi^2_{\alpha/2}(2M)$ 和 $\chi^2_{1-\alpha/2}(2M)$，并对 $\chi^2_{\alpha/2}(2M)$ 与 $\chi^2_{1-\alpha/2}(2M)$ 进行比较。

当 $\chi^2 \geqslant \chi^2_{\alpha/2}(2M)$ 时，以显著性水平 α 表示可靠性有明显的增长趋势；

当 $\chi^2 \leqslant \chi^2_{1-\alpha/2}(2M)$ 时，以显著性水平 α 表示可靠性有明显的降低趋势；

当 $\chi^2_{1-\alpha/2}(2M) \leqslant \chi^2 \leqslant \chi^2_{\alpha/2}(2M)$ 时，以显著性水平 α 表示可靠性没有明显的变化趋势。

3) 参数检验法

AMSAA 模型的形状参数 b 代表了增长曲线的形状，因此在对形状参数 b（式(5 – 17)和式(5 – 19)）进行估计的基础上，也可以对增长趋势进行判断。

当 $0 \leqslant b < 1$ 时，$\lambda(t)$ 为减函数（单调上升），MTBF 为增函数，表明故障率降低，故障间隔时间增大，产品可靠性在增加；

当 $b > 1$ 时，$\lambda(t)$ 为增函数（单调上升），MTBF 为减函数，表明故障率增高，故障间隔时间缩短，产品可靠性在降低，也称负增长；

当 $b = 1$ 时，$\lambda(t)$ 和 MTBF 均为常数，此时产品可靠性既不降低也不增加。

4. 拟合优度检验

产品可靠性增长试验的故障数据是否符合 AMSAA 模型,还需要作统计推断,即拟合优度检验。

5.2.4　Compertz 模型

1. 数学描述

$$R(t) = ab^{c^t} \qquad (5-22)$$

式中,$0 < a < 1, 0 < b < 1, 0 < c < 1$。

参数 a 表示产品可靠性增长的上限,当 $t \to \infty$ 时,$R(t) = a$;

ab 是产品可靠性的初始水平,当 $t = 0$ 时,$R(t) = ab$;

参数 c 反映可靠性增长的速度,c 小,则增长速度快;c 大,则增长速度慢。

2. 估计 Compertz 模型参数的 Virene 算法

已知观测到 n 个故障,现在需要求出 Gompertz 模型各参数 a, b 和 c。将故障按顺序平均分为 3 组,每组 m 个,即令 $m = \lceil n/3 \rceil$,$\lceil\ \rceil$ 表示向上取整。假设观测到的任一故障记为点 $j, j = 0, 1, 2, \cdots, 3m-1$,其可靠度为 R_j,则

$$R_j = ab^{c^j} \qquad (5-23)$$

将 $R_j = ab^{c^j}$ 两边取自然对数,有

$$\ln R_j = \ln a + c^j \ln b, j = 0, 1, \cdots, 3m-1 \qquad (5-24)$$

将观测值分为 3 组,每组 m 个,记

$$S_1 = \sum_{j=0}^{m-1} \ln R_j = m\ln a + \ln b \sum_{j=0}^{m-1} c^j \qquad (5-25)$$

$$S_2 = \sum_{j=m}^{2m-1} \ln R_j = m\ln a + \ln b \sum_{j=m}^{2m-1} c^j \qquad (5-26)$$

$$S_3 = \sum_{j=2m}^{3m-1} \ln R_j = m\ln a + \ln b \sum_{j=2m}^{3m-1} c^j \qquad (5-27)$$

由上述 3 式可得

$$\frac{S_3 - S_2}{S_2 - S_1} = \frac{\sum\limits_{j=2m}^{3m-1} c^j - \sum\limits_{j=m}^{2m-1} c^j}{\sum\limits_{j=m}^{2m-1} c^j - \sum\limits_{j=0}^{m-1} c^j} = c^m \qquad (5-28)$$

则

$$c = \left(\frac{S_3 - S_2}{S_2 - S_1}\right)^{\frac{1}{m}} \qquad (5-29)$$

联立式(5-24)、式(5-25)和式(5-26)中任意两个组成方程组,即可求出 $\ln a$ 和 $\ln b$:

$$\ln a = \frac{1}{m}\left(S_1 + \frac{S_2 - S_1}{1 - c^m}\right) \tag{5-30}$$

$$\ln b = \frac{(S_2 - S_1)(c - 1)}{(1 - c^m)^2} \tag{5-31}$$

则

$$a = \exp\left[\frac{1}{m}\left(S_1 + \frac{S_2 - S_1}{1 - c^m}\right)\right] \tag{5-32}$$

$$b = \exp\left[\frac{(S_2 - S_1)(c - 1)}{(1 - c^m)^2}\right] \tag{5-33}$$

最终按式(5-21)得出产品的 Compertz 模型的可靠性估计值,并与目标值比较,决定是否修改可靠性增长计划。

5.2.5　三种模型适应性分析

三种模型的适用范围不同,有各自的特点,使用时根据需求选取适当的模型。特别是 Duane 模型和 AMSAA 模型,虽然都是连续型模型,但却有各自的优缺点。Duane 模型是一个来源于工程的经验模型,其参数的物理意义十分直观,但 Duane 模型给出的是累积故障率和累积 MTBF,它描述的是历史,而可靠性增长试验关心的是将来发生故障的可能性,即瞬时故障率。Duane 模型中,瞬时故障率是通过累积故障率曲线平移得到的,精度很难保证。AMSAA 模型可以给出瞬时故障率的精确度区间估计,但其仅适用于指数分布。Compertz 模型主要适用于 S 型非连续增长的情形,适用范围比较窄。

Duane 模型、AMSAA 模型和 Compertz 模型的比较如表5-2所列。

表5-2　三种可靠性增长模型的比较

模型名称	类型	适用范围	优点	缺点
Duane 模型	连续型	适用于指数分布产品,可用于制定增长计划,跟踪增长趋势;对参数进行点估计	参数的物理意义直观,易于理解;表达形式简单,使用方便;适用面广;在双对数坐标上是一条直线,图解直观,简便	没有将 $N(t)$ 作为随机过程来考虑;估计精度不高;不能给出当前瞬时 MTBF 的区间估计;模型拟合优度检验方法粗糙

（续）

模型名称	类型	适用范围	优点	缺点
AMSAA 模型	连续型	适用于指数分布产品，可用于跟踪增长趋势；对参数进行点估计和区间估计	将故障的发生看作随机过程，对数据进行统计处理，可为试验提供一定置信度下的统计分析结果	模型的前提是假设在产品改进过程中，故障服从非齐次泊松过程，因此只适用于故障为指数分布的情形，且不适用于试验过程中引入延缓改进措施的评估
Compertz 模型	离散型	适用于可靠性增长呈现先慢后快，到某点以后增长速度又逐渐减慢的 S 型增长规律的产品；可用于跟踪增长趋势，对参数进行点估计	很多非连续增长的产品的增长规律符合 S 型增长，该模型可以用来逐步评定产品当前可靠性及预计未来可靠性	由于很多产品在试验前或研制阶段中并不能确定产品的可靠性增长规律，致使其使用受到限制

可靠性增长模型是用来制定增长计划、跟踪增长趋势及分析评价增长效果的工具，选取模型的原则如下：

（1）要根据产品寿命分布特征选择连续型或离散型模型。

（2）尽可能选择有物理意义的，简便、易操作的，且经过试验验证的模型。

（3）所选择的模型应能够对试验结果进行评估。

5.3　可靠性增长试验的组织实施

可靠性增长试验一般安排在产品研制阶段的中后期，也可安排在可靠性鉴定试验前进行。对于可靠性指标比较高的产品，可以分阶段逐步进行。

5.3.1　可靠性增长试验过程

自行火炮可靠性增长试验的组织实施一般都是根据不同的试验任务，由有关部门依据条例和实施细则决定。不同的试验项目和目的，其组织程序也有所不同。试验任务的区分大致有以下几个阶段：预先准备阶段（包括前期技术准备、编制试验大纲和拟制试验计划）、试前准备阶段、实施阶段（现场实施、数据处理）、总结阶段（总结报告、结果评审）。其主要工作内容有以下几个方面：

1. 前期技术准备

前期技术准备阶段的主要工作是确定试验主持人，消化技术文件，熟悉被试产品，组织参观、调研、培训或到研制单位实习，做好周密的技术准备。

2. 编制试验大纲

当技术准备完成之后,组织人员编制试验大纲。试验大纲是体现试验意图的基本文书,是制定试验方案、拟制实施计划、组织实施试验和编写试验总结报告的主要依据。因此,要求试验大纲要周密、详细、准确。其主要内容包括任务根据、试验性质、目的、被试对象(含配套产品)、试验项目、试验组织分工、试验评定标准、勤务及弹药器材和试验保障等。

3. 拟制实施计划

实施计划是试验组织实施的具体依据。主要包括内容、制度等。

4. 试前准备

根据实施计划的要求,试验场地、检测设施设备、人员、物资器材的保障都要按要求准备,并检查人员操作的熟练程度及后勤保障情况。

5. 现场组织实施

现场组织实施是可靠性增长试验的关键环节,对试验过程的安全性、试验数据的正确性、能否完成试验进入定型或者完成验收,都是至关重要的。现场组织实施按实施计划严格实施,编写周进度和日安排。出现异常情况,应及时上报和处理;中止和变更试验计划,须经批准。

6. 数据分析处理

试验的原始记录数据要真实、清晰、完整。数据分析处理须按规定进行,确保结果准确无误。

7. 撰写试验总结报告

试验总结报告的内容,根据不同任务性质,其侧重点不同。一般格式分为概论、正文和附件三大部分,报告内容包括被试品全貌图、试验结果摘要、结论及建议、主要战术技术指标、主要试验结果数据、照片、图表等。

8. 试验结果评审

在自行火炮研制、生产和使用过程中,通过设计、工艺措施和全程控制监督来防止故障的产生,控制故障发生的概率,一旦故障发生就要通过规范的管理程序加以纠正,并举一反三,防止类似故障再现。

5.3.2　可靠性增长试验方案

可靠性增长试验方案应包括以下内容:

1. 目的和要求

试验目的是提高任务可靠性,还是基本可靠性,关系到对从 FMECA 中辨识出的故障模式的分类、增长试验中的管理策略和改进策略等问题。明确应达到的具体指标和试验结束所具备的条件。

2. 受试产品说明和数量

说明受试产品的技术状态和组成情况,在此之前是否进行过可靠性研制试验,或在性能、环境等其他试验中产品的表现如何,以判定产品是否符合增长试验对试样的要求。另外,还需说明准备投入试验的样本量,以便确定试验所需的日历时间。

3. 试验的环境条件、工作条件、性能范围以及工作周期和总试验时间

详细说明试验的环境条件,主要包括试验过程对温度、湿度、振动应力和电应力的要求以及由此确定的综合环境试验剖面。产品的工作条件主要是指产品在实际工作中所处的安装位置、外部条件、有无减振、通风要求等。性能范围主要包括产品性能参数的标称值及其容差范围。工作周期主要指产品的工作时间要求,如每次工作的时间,或上次工作结束后应间隔多长时间才允许再次工作等。最后明确此次增长试验总的试验时间 T。n 台产品同步试验时,每台样机受试时间一般不应少于 $T/2n$。当对试验过程进行分段处理时,即采取试验 → 查找问题 → 试验的方法,则每一试验段的时间不应少于 2 倍要求的 MTBF 值。

4. 试验装置及测试仪器的说明和要求

明确对试验过程中所使用的试验装置和仪器,尤其是专用测试仪器的要求,如试验箱的变温率、振动台的推力等,以及这些装置和仪器的精度及校准要求。

5. 故障判据及故障处理

明确产品的预防性维修、更换、接口限制、故障判据和分类原则等要求。同时明确产品出故障后是采取及时改进还是延缓改进,以及多台样品是同时改进还是分步改进等要求。

6. 可靠性增长计划曲线

给出计划的增长曲线,明确该曲线使用的增长模型、参数值及其假设条件等。

绘制计划的增长曲线,其主要目的是要确定总的试验时间、各评审点应达

到的可靠性值以及为可靠性跟踪提供基线。一般利用 Duane 模型来计划和跟踪可靠性增长。影响试验时间的主要因素有增长起始点、增长率和要求的或预计的 MTBF 值。

7. 试验进度表和阶段计划

对于试验时间较长的产品,应说明试验的阶段目标值以及开展阶段评审的时机。

8. 参数记录要求及格式

明确试验过程中记录参数并给出记录格式,以及必要的记录内容,如故障发生时的环境条件等。

9. 试验分析要求、计算方法

明确试验过程中的分析工作,如增长趋势分析,以及采取延缓改进措施后的可靠性指标分析等。

10. 试验报告的内容要求

试验报告内容主要包括故障汇总报告、故障分析报告、试验总结报告等,以及这些报告的格式要求等。

5.3.3 可靠性增长试验的结束

1. 试验结束的方式

1)提前结束

(1)试验开始后一直无故障,根据鉴定试验方案的原理,提前终止试验,并认为产品符合规定的要求。在 MIL – STD – 1635《可靠性增长试验》及 HB/Z 214.3《航空产品可靠性增长试验》中规定:当故障数为 0 时,试验的终止时间可以选要求的 MTBF 的 2.3 倍。此时,订购方风险为 10%。实际上,这一截尾时间是根据鉴定试验方案得出的,只不过在鉴定试验方案中是 2.3 倍 θ_1(试验方案的检验下限),而此处是 2.3 倍要求的 MTBF,后一值更偏于保守。据此,还可以得出其他的终止时间,如订购方风险为 20% 时,终止时间为 1.61 倍规定的MTBF;订购方风险为 30% 时,终止时间为 1.2 倍规定的 MTBF 等。

(2)试验过程中,根据可靠性增长试验估计当前的 MTBF 值已达到了要求的 MTBF 值。

(3)在试验过程中,虽然发生了几次故障,但在最后一次故障后,再未出现故障,可看作符合(1)的情况。

（4）试验过程中出现增长趋势下降时，如果采取措施再观察一段时间后，趋势仍然下降。

2）到时间后结束

在总试验时间已到而系统未达到要求的 MTBF 值的情况下，即使没有出现增长趋势下降的情况，也应终止试验，分析查找原因，论证是否还需要进行一次试验。在终止试验时，根据需要归纳总结试验中出现的问题和原因。

2. 试验结束后的评审

试验结束后及时对试验结果进行评审，评价试验结果是否符合合同、产品规范及试验方案的要求。主要评审以下项目：

（1）试验记录和报告的完整性及真实性，包括试验日志、试验设备测试记录、受试设备测试记录、故障汇总报告和分析报告、纠正措施报告、可靠性增长试验报告。

（2）根据试验结果对当前可靠性增长的估计值和达到值，包括用 Duane 模型的评估值和用 AMSAA 模型评估的区间估计值，检查这些值与计划值的符合性。

（3）试验过程中故障的处理方式和故障诊断是否正确，采取的纠正措施是否有效。

（4）试验结果分析的合理性，以及如果提前结束试验，其依据是否充分。

（5）尚未解决的问题和故障情况以及预计的改进措施。

（6）根据前期评审结果指定的工作项目的完成情况。

（7）FRACAS 的运转情况。

5.3.4　可靠性增长试验结果分析

完成可靠性增长试验准备工作后，便可实施可靠性增长试验，包括施加环境应力，故障分析、定位和采取纠正措施，试验过程中绘制累积的增长曲线，以对试验进展情况随时进行评估，确定实际的增长率并与计划的增长曲线的增长率进行比较，以便适时调整；试验进行到一定阶段对增长趋势进行统计检验，确定可靠性增长的定量水平，并按增长计划安排进行阶段评审，最后通过模型对可靠性进行评估。

可靠性增长试验中获得各种信息特别是故障信息必须纳入 FRACAS 系统，方便以后随时使用。获取故障信息的重要途径是试验过程中对产品进行尽可能全面的功能监视和性能测量、施加于产品的应力和产品对施加应力响应特性数据。检测项目越全面,试验过程中检测点安排越多或越合理,就越能避免漏掉已被应力激发出的故障,施加应力和应力响应特性测量和记录得越全面,越有利于故障分析和定位。

5.3.5 可靠性增长试验前相关工作准备

1. 可靠性预计

产品在进行可靠性增长试验之前,首先进行产品的可靠性预计,估计产品的可靠性潜力,判定产品通过增长试验有无可能达到规定的要求。一般预计的可靠性指标,例如平均故障间隔时间(MTBF)应大于要求的 MTBF 才能开始试验。可靠性预计是一个反复的过程,随着产品的不断试验、分析、改进,其可靠性也会随之改变,改进后应重新进行产品的可靠性预计。

2. 故障模式、影响及危害性分析(FMECA)

试验前对受试产品进行故障模式、影响和危害性分析,确定设计的薄弱环节,辨识所有可能发生的故障模式类型。此时进行 FMECA 的主要目的,一是在试验前对可能发生的故障提早分析,以便对所需的纠正措施或备件有所准备,有利于缩短试验的日历时间;二是通过辨识所有可能发生的故障模式类型,收集有关这些故障模式的故障率,确定产品的初始可靠性水平,估计产品的可靠性增长潜力。

3. 预处理

在可靠性增长试验开始之前,必须对受试产品进行相应的预处理(老练、筛选、磨合、试运行等),受试产品的预处理应与生产的产品预处理相同。在预处理期间出现的故障,不影响产品用于可靠性增长试验,也要记录和分析,并采取相应的处理措施,对产品进行必要的修复性维修。一般预处理期间最后一次修理后,应完成两个无故障工作的试验循环。

4. 受试产品的安装

依据有关标准的规定,尽量模拟现场使用的方式和要求安装受试产品。在不影响受试产品的固有特性及其所承受应力的情况下,可使用安装支架;按实际安装情况对电缆、气管等进行固定和支撑,避免这些缆线、管路对受试产品产生附加应力;受试产品安装完后,进行工作检查,避免发生因安装不当而造成故障。

5. 评审准备工作

可靠性增长试验是一项周期长、投资大的工作。为保证试验的正常进行和试验结果的有效性,试验前对试验的准备工作进行评审,其内容主要包括可靠性增长试验方案,可靠性增长试验程序,可靠性预计和分析结果,产品的 FME-CA 报告,此前有关试验的结果(尤其是环境试验和功能测试结果)已发现的问题和故障的情况汇总报告,故障报告、分析和纠正措施系统的准备情况,专用测试设备和试验设备的检测结果和状态报告,需要时,产品的热测定和振动测定报告,产品的技术状态说明,为保证试验顺利进行的质量与可靠性保证措施等。

第6章 自行火炮可靠性增长管理评价与控制

可靠性增长管理评价与控制是在可靠性增长工作展开后针对具体工作效果进行的,通过评价判定可靠性增长管理水平的高低,通过控制使可靠性增长管理能够按照可靠性增长计划有效展开。

6.1 可靠性增长管理参数

常见的可靠性增长管理评价指标主要有纠正比、纠正有效性系数等参数。

6.1.1 纠正比

在可靠性增长理论中,以当前技术为准,按照经济的合理性,把自行火炮全部故障分为 A 类故障和 B 类故障。A 类故障是指不能经济地降低其故障率的故障;B 类故障是指能经济地降低其故障率的系统性故障。A 类故障中既含系统性故障也包含全部残余性故障。

在增长管理的实践中,从对观察到的故障是否需要进行纠正的角度出发,也将故障分为两类。B 类故障是指被确定需要进行纠正的系统性故障。A 类故障是指由于经费、时间、技术条件限制或其他原因,被确定为不进行纠正的系统性故障以及所有的残余性故障。一般而言,一个系统性故障归属于 A 类故障或B 类故障时,应综合考虑以下因素:故障的危害度;消除故障源的技术难度与费用;对达到可靠性目标的影响。

可靠性增长纠正比,是指 B 类故障率与自行火炮初始故障率之比。记 A 类故障的故障率为 λ_A,B 类故障率为 λ_B,自行火炮的初始故障率为 $\lambda_I = \lambda_A + \lambda_B$,则纠正比 K_λ 为

$$K_\lambda = \lambda_B / \lambda_I = \lambda_B / (\lambda_A + \lambda_B) \tag{6-1}$$

K_λ 反映了自行火炮设计的成熟程度,K_λ 越大,说明自行火炮设计越不成熟。对于新研自行火炮,K_λ 的取值范围一般为 $0.85 \sim 0.95$。

6.1.2　纠正有效性系数

纠正有效性系数是指某个或某类故障在纠正后其故障率被减少的部分与纠正前的故障率之比,它表征纠正措施的有效程度。设自行火炮共有 K 种 B 类故障 $B_i(i=1,2,\cdots,K)$,若纠正前的故障率为 λ_i,纠正后 B_i 的故障率为 $(1-d_i)\lambda_i$,则称 d_i 为 B_i 的纠正有效性系数。

当故障 B_i 被彻底纠正时,$d_i=1$。但是,受当前技术水平的限制,或因设计中相互矛盾的因素的制约,并非所有的 B 类故障都能彻底纠正。

对于 B 类故障的总体而言,若纠正前的故障率为 λ_B,纠正后的故障率为 $(1-d)\lambda_B$,则称 d 为 B 类故障的总体平均纠正有效性系数,计算公式为

$$d = \left(\sum_{i=1}^{K} d_i\lambda_i \right)/\lambda_B \tag{6-2}$$

6.1.3　试验环境条件与 π 系数

自行火炮的可靠性是在规定的环境条件下评定的,这个规定的环境条件称为基准环境条件。纳入可靠性增长管理下的各项试验,都有其自身规定的环境条件,它们与基准环境条件通常是不完全相同的。因此,在可靠性增长过程中评估自行火炮可靠性时,对于不符合基准环境条件的那些试验的试验时间应当进行折合。

在获得相同试验效果下,基准环境条件下的试验时间与某试验环境条件下的试验时间之比,称为该试验环境条件的环境折合系数,即 π 系数。例如某环境应力试验 1h,等效于基准环境应力试验 2.5h,则称该环境应力为基准环境应力的 2.5 倍,即 $\pi=2.5$。环境折合系数通常需要通过不同环境条件下的对比试验才能获得。

当可靠性增长管理下的某项试验是连续增长时,即采用即时纠正方式或延续纠正方式时,试验结果是以顺序发生故障的试验时间形式提供的。因此,在进行可靠性增长分析时,还需要进行故障数据的时间转换。

6.2　自行火炮可靠性增长计划

6.2.1　可靠性增长计划目标

可靠性增长目标实际上是对可靠性增长结果的预测或期望,应综合权衡和

考量,并给出定性或定量的评价方法。

1. 确定可靠性要求

监督代表在型号研制质量与可靠性工作中,应关注可靠性定性定量要求,以满足系统战备完好性和任务成功性要求。

(1)根据装备的任务需求和使用要求监督装备的可靠性要求的落实,包括定量要求、定性要求。

(2)装备的可靠性要求应与维修性、保障系统及其资源等要求协调确定,以合理的费用满足系统战备完好性和任务成功性。

(3)可靠性要求应按 GJB1909A《装备可靠性维修性保障性要求论证》规定的要求和程序进行。

(4)可靠性要求的结果应纳入研制总要求、合同或相关文件。

例如某自行榴弹炮系统的可靠性指标要求如下:

① 火力分系统:

平均故障间隔发射弹数 MRBF≥260 发;

② 火控分系统:

平均故障间隔时间 MTBF≥100h;

连续工作时间≥12h;

③ 底盘分系统:

平均故障间隔里程 MMBF≥1600km。

其部件、零件、元器件的可靠性指标由可靠性指标分配时确定。

2. 确定可靠性增长目标

对于自行火炮这种长寿命、反复使用、小子样、高费用的复杂系统,如何评价其可靠性水平,评估其可靠性增长空间,使装备在全寿命期实现可靠性增长,是可靠性增长管理中需重点思考的问题。因此,收集、分析、管理装备在研制、生产和使用过程中的相关信息,对装备可靠性增长空间的正确评估有着十分重要的作用。

1)一般原则

自行火炮的可靠性增长目标应根据工程需要与现实可能性,经过全面权衡来确定。一般情况下,可由合同(或任务书)中的可靠性规定值来确定自行火炮的可靠性增长目标。确定可靠性增长目标时,还需要考虑同类自行火炮的国内外水平、自行火炮的固有可靠性、自行火炮的增长潜力以及自行火炮的可靠性预计值等各种因素。

（1）同类自行火炮的国内外水平。同类自行火炮可靠性水平,在一定程度上反映了该类自行火炮的整体可靠性水平,考虑可靠性增长目标时,需要对国内外同类自行火炮可靠性水平进行重点参考。

（2）自行火炮的固有可靠性。固有可靠性越高,自行火炮可靠性增长目标确定就越高。

（3）自行火炮的增长潜力。一般来说,在自行火炮设计初期,由于故障发生较多,通过解决问题,即可大幅度提高自行火炮可靠性,该阶段可靠性增长潜力较大;而随着自行火炮的成熟度提高,自行火炮的可靠性增长潜力降低。

（4）自行火炮的可靠性预计值。利用可靠性增长模型,可依据当前可靠性发展现状,对未来的自行火炮可靠性进行估计,为自行火炮可靠性增长目标提供参考。

2）具体要求

（1）可达到。通过借鉴、分析与比较,对结果进行科学的预测,必要时通过模拟仿真或原理样机演示来对目标结果进行估量。

（2）可承受。承研承制单位有实力、有能力完成可靠性增长项目,而不产生巨大的浪费;订购方对可靠性增长后的全寿命周期费用可以接受,不大幅提高采购成本。

（3）可测量。确定的目标一般应用定量的评价办法,并具有相应的试验条件与手段。

3）实际评价

可靠性增长目标确定后,应按照如下项目进行评价,通过评价,选择主要的要求和约束条件作为实际评价目标,一般最好不超过 6~8 项,项目过多会掩盖主要影响因素,不利于方案的选出。

（1）技术评价目标:战术技术性能指标、加工装配工艺性、使用维护性、技术上的先进性等。

（2）经济评价目标:项目费用、全寿命周期费用、改装费用时间等。

（3）社会评价目标:军事经济效益,可持续发展等。

6.2.2　可靠性增长计划内容

可靠性增长计划是实施可靠性增长管理的依据。制定可靠性增长计划,需要依据产品的特性,选择合适的增长模型。

1. 可靠性增长计划内容

型号可靠性工作办公室编制可靠性增长计划,明确自行火炮可靠性增长各个阶段、分阶段的目标值,对关键节点按计划进行节点检查,对系统、分系统按期进行检查,确保计划的有效实施。

1)确定可靠性增长项目

根据故障信息反馈、计算机辅助虚拟仿真等结果,通过运用故障树分析、故障模式和影响及危害性分析等方法,确定可靠性增长点,开展可靠性增长工作。

2)制定可靠性增长目标

应根据合同(或任务书)中的可靠性规定值,参考国内外水平、自行火炮的固有可靠性、增长潜力以及可靠性预计值等因素。由于自行火炮使用样本量较小,必要时,可使用计算机虚拟随机试验平台技术,分析得出自行火炮可靠性增长值。

3)改进方案的可行性分析和费效分析

借鉴相关工程实践经验和有关理论,对改进方案进行技术可行性分析,对改进费用和改进后生产成本的预测、改进的必要性进行分析。

4)建立可靠性增长模型

一般情况下,利用 Duane 模型,建立自行火炮可靠性增长模型。需要对实际增长过程进行精确的统计分析和评估时,则运用 AMSAA 模型。

5)绘制可靠性增长曲线

绘制理想增长曲线是描述可靠性增长过程的总轮廓线,它是根据所选增长模型结合可能获得的有关信息而绘制出来的。计划增长曲线的绘制、计划曲线中各阶段目标值的建立,是以理想增长曲线为基准的。

绘制计划增长曲线的目的是合理分配利用与可靠性增长有关的资源,确保可靠性增长工作得到有效实施。资源包括时间、资金、试验验证设备、试验进度、各种试验的重点、管理控制和硬件种类等。

6)可靠性增长验证试验

为实现装备可靠性增长所采取的试验方法,这种方法使装备处于模拟的使用环境,以便诱发研制、生产和使用各阶段的薄弱环节,并对薄弱环节进行分析、纠正,防止类似故障的再次发生,促进装备可靠性的提高。

7)可靠性增长结果评估(评审)

可靠性增长项目结束后,组织相关专家对该项目是否满足预期目的和要求进行评估。

2. 选择可靠性增长点

自行火炮作为在复杂条件下工作的复杂装备,需要实施可靠性增长的项目很多,但是受到现实资源以及技术条件和认识水平的限制,必须在实际工作中有针对性、有重点、有选择、有步骤地规划和选择可靠性增长点。

1)来源

可靠性增长点主要来源于以下方面:订购方提出的明确可靠性增长要求;批生产过程质量和可靠性问题的改进要求;使用部队提出的意见建议;各部门及员工提出的合理性建议。

2)识别

可靠性工作办公室要组织可靠性专家组进行调研和评估(评审),评估(评审)报告上报可靠性工作领导小组审批后,同步纳入可靠性增长规划或计划。

选择可靠性增长点是个平衡与权衡过程,发现新的增长点,就有可能实现装备可靠性的突破与跃升。

3)评价

通过统计分析,计算比较,进行综合评价,以确定可靠性增长点。评价的主要内容如下:

(1)影响程度。在确定可靠性增长点过程中,对问题设置优先级,着力用有限资源解决当前亟需解决、部队反映强烈,并与使用安全性和部队遂行作战能力息息相关的问题。

(2)故障频率。对同类装备的故障信息进行搜集整理,通过统计,找出共性故障,把发生频率较高、发生次数较多的故障作为重点研究对象。

(3)实现难度。资源有保障,有成功或成熟的经验可以借鉴,改进费用比较经济,综合权衡,容易实现并确实能提高装备可靠性的方面。

(4)差距大小。对装备各部件可靠性的实际值进行梳理,并与预计值进行对比,数值差距越大,说明此部件(或分系统)的可靠性越需提高。

(5)经济效益。应从全寿命周期费效比的高度,选择有价值的可靠性增长点,以取得显著的军事经济效益。

3. 确定可靠性增长方案

可靠性增长项目组根据功能要求和目标形成总体规划方案或总体设计方案。

1)方案策划

可靠性增长方案策划就是对实现自行火炮可靠性增长的方法、途径提出原理性的构想,探索解决问题的物理效应和工作原理,并用机构运动简图、液路图、电路图等示意图表达构思的内容。在自行火炮可靠性增长方案设计过程中,往往利用系统工程的方法、观点解决复杂的问题。方案的设计是由发散到收敛的过程,从功能、目标分析入手,通过创新构思探求多种方案,然后进行军事经济效益评价,经优化筛选,求得最佳的实现可靠性增长的路径。其步骤如下:

(1) 项目功能和目标分析。分析项目的总体目标、分目标等要求,确定方案必须达到的技术指标、经济指标。

(2) 总体方案制定。目标和指标确定后,进行概念创新,并通过概念创新引发方案设想,将项目构想和设想形成总体方案,并对总体方案进行规划。

(3) 方案功能设计。设定方案各部分的功能、技术标准、应达到的指标、拟购置设备和建立设施等。

(4) 项目方案筛选。在总体规划和功能设计的基础上,对提出的多个方案进行初步的技术、经济等的研究和分析,并运用多方案比选法选出最优方案。经过比选,确定总体方案。

2) 可行性与效费比分析

可靠性增长项目组在确定项目总体方案后,应对项目的技术、经济等的条件和情况进行详细、系统、全面的分析,分析其合理性和是否有关键性的技术或其他问题需要解决,以及必须要做哪些职能研究或辅助研究。

3) 方案评审

可靠性工作领导小组应组织对项目的必要性、实施条件、生产条件、市场需求、工程技术、经济效益和社会效益等进行评价、分析和论证,进一步判断项目是否可行,并编制项目评估报告。项目评估报告包括以下三项内容:

(1) 项目概况。包括项目基本情况和项目综合评估结论两部分内容。

(2) 详细的项目评估意见。主要包括以下因素:技术上是否可行,有无成功或成熟的经验可以借鉴;军事经济效益是否有价值,可以或不大幅度增加采办成本,全寿命周期费效比提高合理;对系统可靠性的影响,不能因为提高某个零部件或分系统的可靠性而降低系统的可靠性;是不是当前必须解决、急需解决的问题;目标是否合理,能不能满足预期要求;风险分析;对失败的容忍程度;资源是否有保障。

(3) 项目总结和建议。包括存在或遗留的重大问题、潜在的风险及建议等。

4) 确定项目优先级

可靠性工作领导小组需对项目所用资源及其数量等情况进行分析,并预估

项目收益,对候选项目排定优先级,具体方法如下:

(1) 计算每个项目所消耗的资源及其预期效益,并计算每个项目单位资源所创造的收益。

(2) 识别项目可靠性增长值与系统可靠性增长的符合程度。

(3) 根据项目单位资源创造的收益和与系统可靠性增长的符合情况,权衡评定项目优先级。

5) 决策

应根据评审后的项目方案和优先级编制可靠性增长计划,并经型号可靠性工作领导小组批准后,组织实施。

6.3 可靠性增长管理曲线

在可靠性增长管理和控制中,理想曲线是根据产品实际情况,利用可靠性增长模型生成的曲线;计划曲线常以理想曲线为依据,并根据实际情况修订形成;增长曲线是以实际可靠性增长过程中的故障统计和仿真数据为基础,通过分析形成的反映产品可靠性随时间变化的曲线。

6.3.1 增长曲线

1. 确定增长目标

增长管理的首要问题是要确定自行火炮的可靠性增长目标。自行火炮的增长目标,通常情况可由合同(或任务书)的规定值来确定。为了能高概率地通过可靠性鉴定试验,可靠性增长的目标值应稍高于合同(或任务书)的规定值。记 θ_0 为合同的规定值,记 θ_F 为增长目标值,则它们的关系式为

$$\theta_F > \theta_0 \qquad\qquad (6-3)$$

确定增长目标时,还应该综合考虑自行火炮的国内外水平、固有可靠性、增长潜力以及可靠性预计值等各种因素。与增长目标值有关的可靠性值有以下几个:

1) 成熟期固有可靠性

成熟期固有可靠性是指自行火炮在不断地增长(包括自然增长)达到成熟时,在技术上有理由预期能达到的可靠性值。它由两部分组成,一部分是 A 类故障,即全部残余性故障和不能经济地降低故障率的系统性故障;另一部分是经过可靠性增长后,已经济地降低到最低故障率的系统性故障。

记 θ_{inh} 为自行火炮成熟期固有 MTBF,则

$$\theta_{inh} = \frac{1}{\lambda_A + (1 - d)\lambda_B} \tag{6-4}$$

λ_A、λ_B 的估计要根据同类自行火炮的大量故障统计数据,并经过技术和经济性的判断才能作出。d 的选用,一般来说可根据以前可靠性增长过程中故障率纠正的实际数据估出经验的 d 值。在没有历史数据的情况下可选用经验数据的平均值 0.7。但 d 值选得是否恰当,还需在自行火炮的可靠性增长过程中得到验证。

2) 可靠性预计

在理想情况下,可靠性预计应能较准确地反映自行火炮成熟期固有可靠性。对于自行火炮的电子类部件,虽然有较充足的预计资料,但工程实践表明,由于元器件的质量与可靠性水平、工艺条件和环境工作条件等因素的影响,可靠性预计值与自行火炮成熟期固有可靠性有较大差别,有时差别会很大。对于机械类部件,由于预计用的资料缺乏,更难达到理想情况。

鉴于这种情况,为了减少可靠性增长管理的风险,通常要求可靠性预计高于增长目标。记 θ_P 为自行火炮或其部件的 MTBF 预计值,则经验上要求

$$\theta_P > 1.25\theta_F \tag{6-5}$$

3) 增长潜力

增长潜力是指自行火炮在特定的增长管理策略下能达到的最大可靠性。特定的增长管理策略是指在自行火炮增长过程中对暴露出来的故障所作的关于下列两个问题的具体决策:①该故障是 A 类故障还是 B 类故障;②若属于 B 类故障,则其纠正有效性系数为多少。

由于在增长过程中系统性故障不一定能全部都暴露出来,也因在管理策略上将某个故障归入 B 类时,除考虑经济合理性之外,还要考虑增长管理的经费、日历时间和故障纠正的技术难度等,所以增长潜力通常比自行火炮成熟期固有可靠性低。

用 λ_{GP}、θ_{GP} 分别表示自行火炮增长潜力的故障率和 MTBF,则

$$\lambda_{GP} = \lambda_I - \sum_{i=1}^{K} d_i\lambda_i \tag{6-6}$$

式中,λ_I 为自行火炮的初始故障率;K 为试验中暴露出来的并决定予以纠正的系统故障的种类数;d_i 为第 i 个 B 类故障 B_i 的纠正有效性系数;λ_i 为 B_i 的故障率。

由式(6-1)或式(6-2),则有

$$\lambda_{GP} = (1 - K_\lambda d)\lambda_I \qquad\qquad (6-7)$$

相应的

$$\theta_{GP} = \theta_I / (1 - K_\lambda d) \qquad\qquad (6-8)$$

一般来说,增长潜力应略高于增长目标。增长潜力与增长目标之间是相互制约的关系,可以用增长潜力来确定增长目标或分析增长目标是否合理;反之,可以用增长目标来确定增长潜力或分析增长计划是否符合要求,进而可以判定宏观上增长管理策略是否恰当(体现在 K_λ、d 选取上),或可靠性初始水平 θ_I 是否恰当。

2. 确定增长率

可靠性增长率表征了自行火炮的可靠性增长速度,增长率的大小取决于许多因素。工程实践中可以采取下述各种途径来确定增长率:

(1) 参考同类自行火炮的可靠性增长经验。

(2) 自行火炮研制的成熟程度,成熟度低的增长率高,新研制的自行火炮通常成熟度低,增长率高。

(3) 增长率与"试验、分析与纠正"中的工作成正比。

(4) 借鉴有关经验。经验上 m 的取值范围一般为 $0.23 \sim 0.53$。

3. 初始可靠性水平 θ_I 的确定

初始 MTBF 取决于自行火炮的可靠性设计水平以及在自行火炮研制早期为提高可靠性所做的各种努力。新研自行火炮初始可靠性水平通常都较低,当自行火炮设计引进了新技术、新工艺或在原理上有重大突破,其初始可靠性水平通常也较低。工程实践中通常需要采取下述一些方法来确定 θ_I:

(1) 用组成单元的可靠性试验信息进行系统的可靠性综合来估计和评定 θ_I。

(2) 用样机调试信息估计 θ_I。

(3) 根据同类自行火炮或历史经验与工程分析,进行估计。

(4) 借鉴有关经验。经验上自行火炮初始 θ_I 与成熟期固有 MTBF 即 θ_{inh} 之比 θ_I / θ_{inh} 在 $0.15 \sim 0.47$。

(5) 根据增长潜力来确定 θ_I,即

$$\theta_I = (1 - K_\lambda d)\theta_{GP} \qquad\qquad (6-9)$$

4. 第一试验段试验时间 t_I 的确定

应用 Duane 模型时,从理论上讲,需要一段过渡时间。从工程上讲,为了验证经评审确认的初始可靠性水平。为了给可靠性增长提供故障源,也需要一段

试验时间。为了验证比较准确和暴露较多的缺陷，第一试验段的试验时间应当适当地长一些。在理想曲线上，时间 t_1 后，下一试验段开始前必须实施故障纠正。

由于至少要观测到一个 B 类故障之后才能对自行火炮进行纠正，所以可根据时间区间 $(0, t_1]$ 内观测到一次 B 类故障的概率 P 来确定 t_1 的下限。在假定 B 类故障的发生服从 Poisson 过程下，由

$$1 - \exp(-\lambda_B t_1) = P \qquad (6-10)$$

可以得到

$$t_1 > \lambda_B^{-1} \ln (1-P)^{-1} = \frac{(1-K_1 d)\theta_{GP}}{K_2} \ln (1-P)^{-1} \qquad (6-11)$$

5. 增长率与初始可靠性水平匹配的权衡

在增长目标已确定的情况下，如果在增长率不变的情况下降低初始可靠性水平，则会导致总试验时间的增加。而在初始可靠性水平不变的情况下降低增长率也会导致总试验时间的增加，能纳入可靠性增长管理的各项试验的总试验时间，即所能调用的总资源是有限的。过分要求增加总试验时间是不现实的。因此，当增长目标已确定，总试验时间已限定时，增长率与初始可靠性水平之间的匹配有两种选择：①高初始可靠性水平配以低增长率；②低初始可靠性水平配以高增长率。

选用高初始可靠性水平低增长率，增长过程的控制比较容易，风险较小。但是，为了确保进入试验时有高初始可靠性水平，需要增加试验前的大量可靠性增长活动，诸如对可靠性设计评审、FMECA 等实施严格的工程监督。由于工程监督不能量化，所以要保证高初始可靠性水平，风险较大。选用低初始可靠性水平高增长率则正好相反，增长过程控制的风险大。为了保持高增长率，通常需要有完善而能高速运转的 FRACAS，相应地要有高水平的故障分析能力和优秀的故障纠正措施设计人员。

正确地选择初始可靠性水平与增长率之间的匹配要依靠工程实践经验并借鉴同类自行火炮的可靠性增长管理经验。

6. 总试验时间

总试验时间应根据需要与可能来确定。自行火炮可靠性增长到预定的增长目标所需的总试验时间受很多因素的影响，如自行火炮设计的成熟程度、进入试验阶段前各项可靠性增长活动的努力程度与效果、FRACAS 完善程度与运转速度，以及承制方的管理水平等。如果在制定理想增长曲线时，要求先确定

总试验时间,那么,主要依据同类自行火炮的增长经验与工程经验。经验上总试验时间通常需要 5 ~ 25 倍增长目标 θ_F。

可以用来进行可靠性增长的总试验时间是纳入可靠性增长管理的各项试验的试验时间之总和。但由于试验环境条件与基准环境条件不同,所以在计算时要计算环境折合系数 π。例如有三项试验纳入可靠性增长管理,它们的试验时间与 π 系数分别为:$t_1 = 500\text{h}$、$\pi_1 = 1.0$,$t_2 = 800\text{h}$、$\pi_2 = 1.5$,$t_3 = 1200\text{h}$、$\pi_3 = 0.8$,则可用于可靠性增长的总累积试验时间为

$$500 \times 1.0 + 800 \times 1.5 + 1200 \times 0.8 = 2660\text{h}$$

6.3.2 计划曲线

1. 试验选择原则

为了充分利用有限的试验资源,应该尽可能地将自行火炮研制过程中的各项非可靠性试验纳入到可靠性增长管理中来。研制中的性能试验、部分环境试验、安全试验、现场试用或运行试验等都可以成为可靠性增长管理的对象。

自行火炮研制过程中如果有多台样机,那么某些可靠性试验项目可能会同时进行,在日历时间上会相重叠。这时如果研制进度允许,那么为了有更多的试验时间用于增长管理,更有把握把可靠性增长到预定目标,应当申请更改有关研制试验的进度计划,使它们在日历时间上不重叠。如果上述要求达不到,则应选择更有利于可靠性增长的试验项目。在选择时主要考虑两个因素:①试验环境条件,选择尽可能与基准环境条件相近的试验项目,即环境折合系数 π 接近 1 的试验项目;②试验项目的试验时间,试验时间长的有利于可靠性增长控制。

2. 第一试验段

第一试验段可以是纳入可靠性增长管理的在日历时间上处于最早的某个非可靠性试验项目。由于试验环境条件对故障暴露有决定性的影响,如果该试验项目的试验环境条件与基准环境条件相差较大,为使后续可靠性增长管理更有把握、更有成效,可以不选纳入可靠性增长管理的非可靠性试验项目,而是专门安排的一个试验段,其试验环境条件等同或接近基准环境条件。如果这样安排,则第一试验段称作预试验。

第一试验段在计划增长曲线上安排,通常都采用延缓纠正方式,但也不排

斥采用含延缓纠正方式,即在试验中暴露的所有 B 类故障中选几个进行故障纠正。

3. 试验段的安排

在理想增长曲线上,试验段是一个紧接着一个排列的。所以当选定了纳入增长管理的非可靠性试验和确定了必要的可靠性试验后,应当把这些试验段按照研制进度在理想增长曲线上逐一排列。安排妥当后,从理想增长曲线上取出每一个试验段的 4 个参数,即试验段进入点的累积试验时间和可靠性水平、结束点的累积试验时间和可靠性水平,为每一个试验段制定计划增长曲线提供依据。

在理想曲线上已知某点的累积试验时间,求相应可靠性水平时,可用下列公式(第一试验段除外):

$$\theta(t) = \theta_I \left(\frac{1}{t_I} \right)^m \frac{1}{1-m} \qquad (6-12)$$

安排结果可用表 6 – 1 的形式列出。表 6 – 1 依据的理想增长曲线的参数为:$\theta_I = 50h$,$t_I = 1000h$,$m = 0.23$。增长目标为 $t_F = 110h$,所需的总试验时间为 10000h。

表 6 – 1 试验段安排

试验段号	试验时间/h	π	折合试验时间/h	累积试验时间区间/h	进入点 MTBF	结束点 MTBF
1	1000	1	1000	0 – 1000	50	50
2	2000	0.8	1600	1000 – 2600	65	81
3	2150	1	2150	2600 – 4750	81	93
4	1500	1.5	2250	4750 – 3000	93	102
5	3000	1	3000	7000 – 10000	102	110

当可靠性增长管理跨越阶段决策点时,阶段决策点处增长曲线上的可靠性值也可用上面提供的公式计算。

为了加强可靠性增长过程的控制,如果在增长过程的特定目标上设置可靠性测定试验,那么在安排试验段时首先要确定该试验段在理想增长曲线上的位置。已知特定目标值 θ_x 时,确定该试验段的进入点累积试验时间 t_x,可用下列公式:

$$t_x = t_I \left[\frac{\theta_x}{\theta_I} (1 - m) \right]^{1/m} \tag{6-13}$$

设表 6-1 中的第三试验段是一项可靠性测定试验,要验证的特定目标值 $\theta_x = 81\mathrm{h}$。那么由式(6-13)即可求出其进入点的累积试验时间为 2615h。

4. 试验段的纠正方式的确定

不同的试验段可以采用不同的纠正方式。确定每一试验段的纠正方式时主要考虑两个因素,即自行火炮部件的特点与试验的特点。

电子类部件通常采用即时纠正方式,因为电子类部件故障纠正的历史经验丰富,故障原因比较显见,纠正措施比较简便。而机械类(含机电、机液)部件正相反,故障原因不易分析准确,纠正措施比较复杂,实施纠正措施的硬件制造比较费时,所以往往采用延缓或含延缓的纠正方式。

试验的特点,是指该试验过程中是否允许改变自行火炮或部件的结构和布局。在纳入可靠性增长管理的试验中,有些试验在试验过程中不允许更改设计,例如带有评价性质的性能摸底试验、性能和可靠性测定试验或设计评审鉴定试验等,对于这些试验段往往必须采取延缓纠正方式;有些试验可以允许边试验边纠正,例如性能试验、组合环境试验、试运行试验等,对于这些试验通常可以采取即时纠正方式或含延缓纠正方式;至于专门的可靠性增长试验,通常采用即时纠正方式。

由于各种不同的试验段可以采取不同的纠正方式,因此自行火炮的计划增长曲线是三种不同纠正方式曲线的各种组合。如图 6-1 中,第一、第三试验段为延缓纠正,第二、第四试验段为含延缓纠正,第五试验段为即时纠正,则其图形如图 6-2 所示。

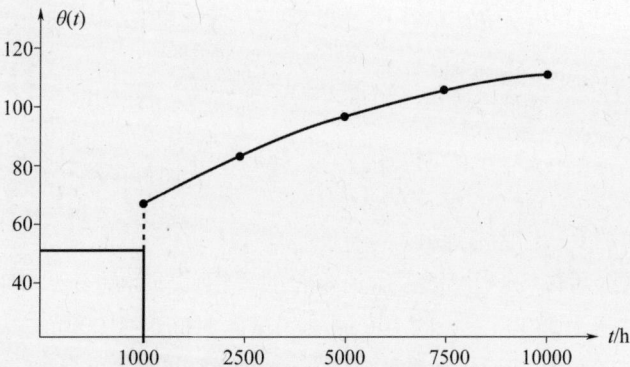

图 6-1　$m = 0.23$ 的理想增长曲线

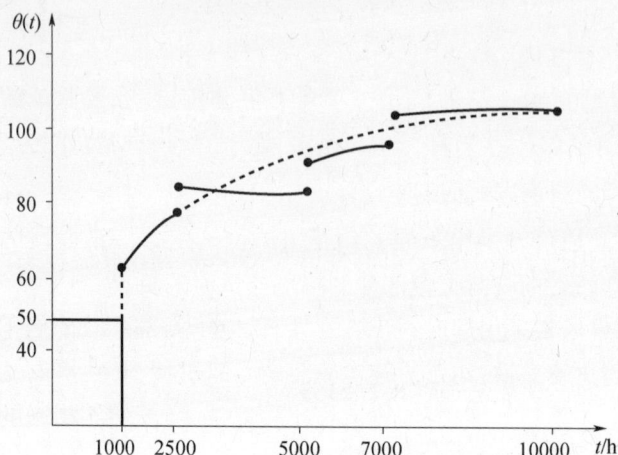

图 6-2   含不同纠正方式的计划曲线

5. 计划增长曲线绘制举例

下面给出某自行火炮火力控制系统计划增长曲线绘制的例子。

某火力控制系统的研制过程中,根据研制合同中的可靠性规定值确定增长目标 $\theta_F = 150h$,初始可靠性水平定为 $\theta_I = 50h$,并安排了预试验时间 $t_I = 1700h$。为了加强增长过程的控制,增长过程中安排了 3 次可靠性测定试验,控制的特定目标值分别为 $\theta_{x1} = 80h$,$\theta_{x2} = 110h$,$\theta_{x3} = 140h$。这 3 个试验段都采用延缓纠正方式,试验时间都定为 1100h。根据研制进度的限定和可投入试验的部件数量,拟用于可靠性增长管理的总试验时间不超过 14000h。

(1)绘制理想增长曲线。确定总试验时间 $t_F = 14000h$。参数增长率 m 为

$$m = -1 - \ln\left(\frac{14000}{1700}\right) + \left[\left(1 + \ln\frac{14000}{1700}\right)^2 + 2\ln\frac{150}{50}\right]^{1/2} = 0.335$$

接受这个增长率,则得到

$$\theta(t) = \begin{cases} 50, & 0 < t \leqslant 1700 \\ \dfrac{50}{0.665}\left(\dfrac{t}{1700}\right)^{0.335}, & t \geqslant 1700 \end{cases}$$

其图形如图 6-3 虚线所示。

由理想曲线可以得到,MTBF 达到 80h 的累积试验时间为 2100h,达到 110h 的累积试验时间为 5300h,达到 140h 的累积试验时间为 11000h。这 3 个累积试验时间就是这 3 个试验段的进入点。相应的结束点累积试验时间分别为 3200h,6400h,12100h。

（2）绘制计划增长曲线。尚需安排的试验时间有 9000h。其中最后一段 1900h 为专门的可靠性增长试验,进入点 MTBF 为 140h;结束点 MTBF 为 $\theta_F =$ 150h。采用即时纠正方式。第一试验段与第一次可靠性测定试验之间 400h,安排一个第二试验段,采用即时纠正方式。第一次、第二次可靠性测定试验之间有 2100h 也安排一个试验段为第四试验段,采用即时纠正方式,在第二次、第三次测定试验之间有 4600h,安排 2 个试验段,段号为 6、7。分界点的累积试验时间 9400h,对应理想增长曲线上可靠性值为 133h。第 6 试验段采用含延缓纠正方式,第 7 试验段采用即时纠正方式。

第 2、4、6、7 四个试验段都在研制大纲中非可靠性试验中选取。其试验时间总数占全部增长管理试验时间的 51%。

计划增长曲线的全部安排如图 6 - 3 所示。

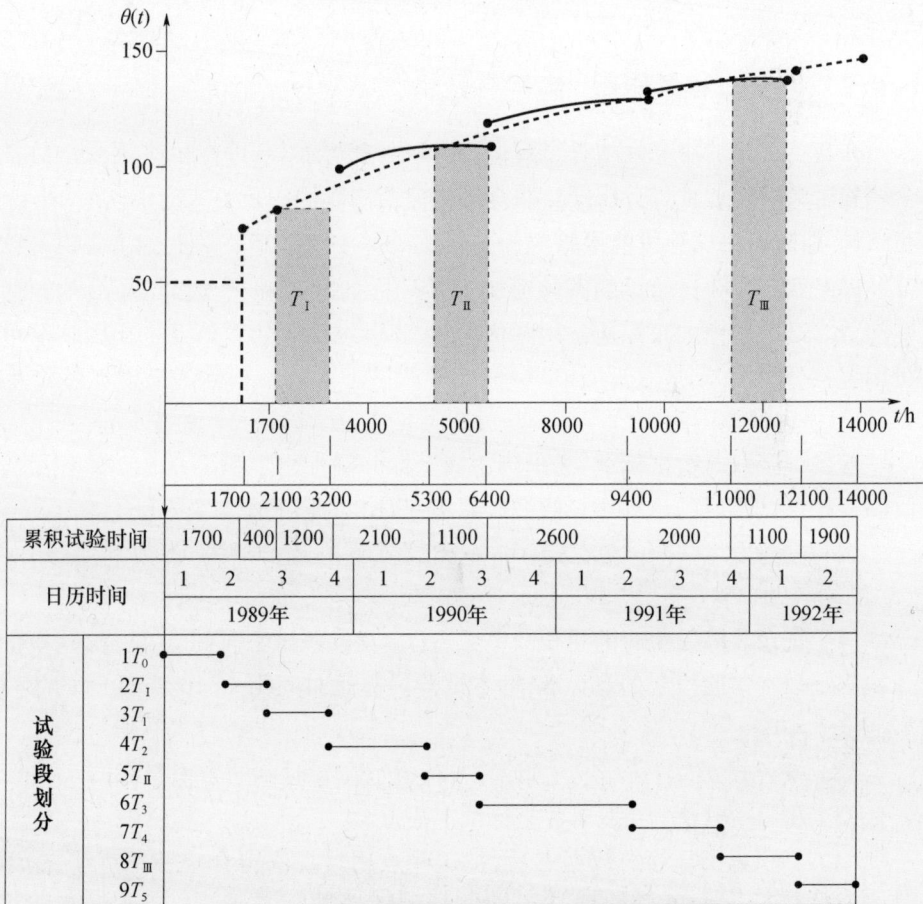

图 6 - 3　某火力控制系统研制计划增长曲线示例

6.3.3　计划曲线和理想曲线的关系

通常情况下,理想曲线是绘制计划曲线的依据,理想曲线的绘制主要根据自行火炮研制的各项要求,列出纳入可靠性增长管理的非可靠性试验项目清单,配置必要的可靠性试验,计算各项试验的总试验时间,给出各阶段及各试验段的可靠性目标,最终拟合形成的理想增长曲线。

有些情况下,自行火炮增长过程并不适宜用 Duane 模型描述,可靠性增长管理的控制就无法采用计划曲线控制方式,而只能采用经典的计划、跟踪与控制方法,来进行可靠性增长的管理。

6.4　可靠性增长的跟踪与控制

6.4.1　增长过程的跟踪

在自行火炮的可靠性增长过程中,应该根据计划增长曲线依次逐段地对各个试验段的增长过程进行跟踪。跟踪的方法与内容因纠正方式的不同而不同。

1. 即时纠正试验段的跟踪

即时纠正方式试验段的跟踪分为试验段内的跟踪和试验段结束时的评估两部分。试验段内的跟踪通常用图估法,试验段结束时的评估既可用图估法也可用统计分析法。

1)试验段内的跟踪

准备一张双对数坐标纸,纵坐标与横坐标分别标出累积 MTBF 和累积试验时间。把该试验段的计划增长曲线以累积 MTBF 的形式画在坐标纸上。

试验中每发生一个故障,无论是 A 类故障还是 B 类故障,都按下列(1)~(5)的内容做一遍。

(1)记录故障发生时的累积故障数 $N(t_i)$ 及累积试验时间 t_i(注意,这里的累积都是以本试验段起始点为准,即本试验段起始时间为 $t_0 = 0$,起始时的故障数 $N(t_0) = 0$。

(2)按公式 $\theta_x(t_i) = t_i / N(t_i)$ 计算自行火炮在 t_i 时刻的累积 MTBF。

(3)将 $\{t_i, \theta_x(t_i)\}$ 在双对数坐标纸上描点。

(4)当积累了足够的数据点后,把这些点用目视法拟合成一条直线,这条直线就是自行火炮可靠性增长跟踪曲线。随着数据点增多,不断更新跟踪曲线。

（5）根据增长控制的需要,在适当时刻,把当前的跟踪曲线延长到试验段结束点的累积试验时间处,跟踪曲线在该处的纵坐标值就是外推预测值。

2）试验段结束时的图估法

试验段结束时,由试验段内的跟踪可得到含有全部故障数据的跟踪曲线,此跟踪曲线的斜率是增长率 m 的评估值 $\hat{m}$。此跟踪曲线的延长线在试验段结束处的纵坐标值,即为试验段结束时累积 MTBF 的验证值,它被 $(1-m)$ 除后的商即为试验段结束时的瞬时 MTBF 的验证值。

这里的图估法亦可用最小二乘法替代,用最小二乘法时的输入数据应是 $[\ln t_i, \ln \theta_x(t_i)]$, $i = 1, 2, \cdots, n$。

3）试验段结束时的统计分析

用 AMSAA 模型对增长数据进行统计分析包括如下一些内容:

（1）对试验数据进行增长趋势检验,即根据已获数据来判断自行火炮可靠性有无明显的增长,是正增长还是负增长(退化)。

（2）对试验数据进行 AMSAA 模型的拟合优度检验,即根据已获数据来判断自行火炮的可靠性增长是否符合 AMSAA 模型。

（3）若符合 AMSAA 模型,则可进行 AMSAA 模型的参数估计,包括点估计与区间估计。

（4）估计自行火炮在试验段结束时的瞬时 MTBF 的验证值,估计值可以是点估计也可以是一定置信度下的区间估计。

2. 延缓纠正试验段的跟踪

采取延缓纠正方式时,自行火炮在试验段内出现的故障只作记录不作纠正,因此其可靠性是维持在同一水平上的,只有在试验段结束时采取了纠正措施后才会产生一个"跳跃"。在这种情况下,自行火炮的可靠性验证值 $\theta_D(T)$ 及延缓纠正预侧值 $\theta_{PD}(T)$ 可以按下述方式进行估计。

设该试验段的试验时间为 T^*,自行火炮在这个试验段内出现的 A 类故障为 K_A 次,B 类故障为 $K_B = \sum_{i=1}^{M} K_i$ 次,则自行火炮在该试验段内的可靠性验证值为

$$\theta_D(T^*) = T^*/\left(K_A + \sum_{i=1}^{M} K_i\right) = T^*/(K_A + K_B) \qquad (6-14)$$

采取延缓纠正措施后,若对 B 类故障的单个纠正有效性系数为 d_i,总体纠

正有效性系数为 d，则其延缓纠正预测值可按如下公式进行估计：

$$\theta_{PD}(T^*) = T^* / \left[K_A + \sum_{i=1}^{M}(1-d_i) + M\bar{b}d \right]$$

$$= T^* / \left[K_A + K_B(1-d) + M\bar{b}d \right] \quad (6-15)$$

式中，$T^* = T$（时间截尾）或 $T^* = t_n$（故障截尾）；M 为 B 类故障的种类数；$\bar{b}$ 为 M 种 B 类故障的首次故障时间按 AMSAA 模型进行参数估计后，其形状参数 b 的估计值。

3. 含延缓纠正试验段的跟踪

含延缓纠正方式试验段的跟踪可以分两部分进行。在试验段内采用即时纠正的跟踪方式；而在试验结束时的验证值用即时纠正方式估计，跳跃后的可靠性值用延缓纠正预测值估计。

4. π 系数与跟踪

由于各试验段的试验环境可能会处于不同的环境状况，因此在自行火炮的可靠性增长跟踪过程中，应该采用相应的 π 系数对所有的试验数据进行统一的折算。

5. 实际纠正比与纠正有效性系数

增长过程中实际纠正比与纠正有效性系数的估计受试验段纠正方式的影响，只有在一定条件下才能得到。

实际纠正比只能在延缓纠正方法试验段时估计，可按如下公式计算：

$$\bar{K}_A = \bar{\lambda}_B / (\bar{\lambda}_A + \bar{\lambda}_B) \quad (6-16)$$

式中，$\lambda_A = K_A/T$；$\lambda_B = K_B/T$；T 为试验时间，K_A 为 A 类故障的故障数；K_B 为 B 类故障的故障数。

为了估计纠正有效性系数，需要有相邻两个试验段。前一阶段采取含延缓纠正方式，后一阶段采取延缓纠正方式。当有了这两个试验段的试验数据后，就可以按如下公式来估计纠正有效性系数：

$$\bar{d} = \left[\bar{\lambda}_A + \bar{\lambda}_B - \bar{\lambda}_{20} \right] / (\bar{\lambda}_B - h(T)) \quad (6-17)$$

式中，λ_A、λ_B 为由前一试验段得到的 A 类故障率和 B 类故障率；$h(T) = Mb/T$，M 为前一试验段中 B 类故障的种类数，$\bar{h}$ 为 M 种 B 类故障首次故障时间的 AMSAA 形状参数估计值；$\lambda_{20} = N'/T'$，N' 为后一试验阶段中的累积关联故障数，T' 为后一试验段的试验时间。

6. 高可靠性部件的增长跟踪

对于高可靠部件而言,一般在整个增长过程中其故障数据较少,逐段逐段地跟踪它的增长信息失去意义,这就需要将整个增长过程看成一个大的试验段。另外,这种部件的试验环境和研制程序都比较稳定,可靠性问题少,一般不会出现重大的"跳跃",从而可以将这种部件的增长过程看成是一个即时纠正的连续增长过程。高可靠性部件的增长跟踪,具体做法是把整个增长过程中发生的故障按照即时纠正方式进行跟踪、绘制跟踪曲线,计算外推预测值,并在整个增长过程结束时计算验证值。

6.4.2　增长过程的控制

可靠性增长过程的控制是通过计划增长曲线与跟踪曲线的对比分析来实现的。可靠性增长控制的主要任务是:及时地控制增长率;对跟踪增长过程中发生的情况作出决策与处置。

可靠性增长过程中最常见的情况是实际增长率低于计划增长率,它可以分为两种情况。一种情况是在即时纠正方式下,试验段结束时的外推预测值低于计划值;另一种情况是在延缓纠正方式下,延缓纠正预测值低于下一试验段进入点的计划值。在这些情况下通常都需要通过提高纠正比、提高纠正有效性系数等措施来提高自行火炮的增长速度。

1. 提高纠正比

自行火炮的纠正比,反映了自行火炮在可靠性增长过程中的可纠正程度。当自行火炮的可靠性增长速度不足时,需要考虑采取提高纠正比的途径来促进自行火炮的可靠性增长。

自行火炮纠正比的大小,与 A 类故障和 B 类故障的划分有关。正确划分时,应将残余性故障和难于纠正的系统性故障划归为 A 类故障,而将可经济地纠正的系统性故障全部纳入 B 类故障。但在实际上,一方面有可能把系统性故障误判为残余性故障,另一方面系统性故障纠正的难与不难、经济不经济都是相对的,难免有失误,最好能用效益比来作为划分两类故障的依据。

当自行火炮的可靠性增长速度不足时,需要通过对每一种故障的效益分析,来重新划分两类故障,将原来划分为 A 类故障的某些故障再纳入到 B 类故障中来。减少 A 类故障、增加 B 类故障,就可以提高自行火炮的可纠正性,增大自行火炮的增长潜力,从而促进自行火炮实现其可靠性增长目标。

2. 提高纠正有效性系数

纠正有效性系数反映了对自行火炮故障的纠正效果。提高纠正有效性系数可以增大自行火炮的增长潜力,从而促进自行火炮的可靠性增长。

3. 加快 FRACAS 的运转速度

可靠性增长管理中,必须建立完善的故障报告、分析及纠正措施系统。可靠性增长过程中,故障分析的准确性以及纠正措施的有效性,直接影响自行火炮的增长速度。加快 FRACAS 的运转速度,就可以加快自行火炮的可靠性增长速度。

4. 调整计划增长曲线

计划增长曲线是进行可靠性增长管理的依据。在自行火炮的可靠性增长管理中,必须采取一切措施,努力实现计划曲线中所规定的既定目标。但当计划增长曲线在实施中遇到了严重问题时,也可以反过来考虑计划曲线的正确性及可行性,对计划增长曲线进行合理的调整。

计划增长曲线的调整,主要有如下内容:

(1)本试验段或后面的某些试验段是否需要增加试验时间。

(2)是否需要追加试验项目。

(3)是否要求调整后续试验段的增长率。

5. 一些特殊情况的处理

可靠性增长管理中,有时会出现一些异常现象。例如,跟踪曲线有较大的波动以及实际增长率高于计划增长率等。

当跟踪曲线出现较大波动时,应该认真地分析故障数据,有可能是由于自行火炮的试验、分析与纠正等方面处于失控状况,也有可能是自行火炮的增长模型不能用 AMSAA 模型来拟合,还有可能是没有正确地区分关联故障与非关联故障或者是误将残余性故障当作 B 类故障处理等。

当自行火炮的实际增长率高于计划增长率时,有可能是一种正确情况,也可能是一种假象或错觉。常见的是后一种情况,这时要特别注意提高故障检测精度,防止故障漏检,以反映真实的增长过程。

6.4.3　不修复部件的特殊考虑

1. 成败型部件

成败型部件的增长管理,同样需要确定增长目标,制定增长计划,对部件的增长过程进行跟踪与控制。成败型部件可靠性增长计划的制定,仍可按前述修复型部件的有关方法进行,理想增长曲线与计划增长曲线的绘制,在原则上及步骤上是完全相同的。所不同的是,成败型部件的可靠性指标是失败概率 p_i 与成功概率或可靠度 $R(i)$,成败型部件的时间轴是以累积试验次数 i 来表示的。它们之间的符号及主要公式的对应关系如表 6-2 所列。

　　成败型部件的增长跟踪控制方法也类同于修复型部件,其验证值、外推预测值与延缓预测值的计算公式也是相对应的。对于试验次数足够多的成败型部件,其离散数据的趋势检验、拟合优度检验、点估计、区间估计都可使用 AM-SAA 模型进行统计分析。

表 6-2　成败型与修复型部件的相应公式对应表

项目	修复型部件	成败型部件
累积试验时间(次数)	t	i
累积故障(失败)次数	$N(t)$	$f(i)$
故障率(失败概率)	$\lambda(t)=abt^{b-1}$	$P(i)=abi^{b-1}$
Duane 模型	$\lambda(t)=\lambda_1(1-m)(t_1/t)^m$	$P(i)=i_1(1-m)(i_1/i)^m$
增长极限	$\lambda_{Lim}=\lambda_A(1-d)\lambda_B=(1-K_\lambda d)\lambda_I$	$P_{Lim}=P_A(1-d)P_B=(1-K_{pd})P_I$
总试验次数(次数)	T,时间截尾	I,成功截尾
总试验次数(次数)	t_n,故障截尾	i_n,失败截尾
不同之处	$\theta(t)=[\lambda(t)]^{-1}$	$R(i)=1-P(i)$

2. 寿命型部件

　　不修复的寿命型部件,如灯泡、显像管等电子元器件,对它们进行增长管理时,同样需要确定增长目标,制定增长计划,对增长过程进行跟踪与控制。但对它们进行增长管理时是有许多差别的。

　　(1)此类部件的可靠性指标通常采用失效率或 MTTF。

　　(2)此类部件通常都是批量试制的,它们的增长模型一般应该采用离散型增长模型,如 Compertz 模型。

　　(3)这类部件通常采取延缓纠正方式。

　　(4)受试部件的样品应尽可能大。样本容量的大小,必须考虑要有足够暴露薄弱环节的能力,要有备份量以及用于验证纠正措施有效性的能力。

　　(5)部件的失效分析工作,可以与试验并行地进行,对部件采取纠正措施时,要将纠正措施引入所有的样品。

　　(6)当部件同时存在有多个失效模式时,应先集中力量消除主要失效模式后,再逐步地消除其他失效模式,通过逐步消除失效模式的方式来促进可靠性增长。

6.5 某型自行火炮火力分系统纠正有效性系数计算

6.5.1 自行火炮火力分系统可靠性预计

1. 改进前的自行火炮火力分系统可靠性预计

由于在使用阶段故障件之间没有明显关联,可初步认为某型自行火炮火力分系统的可靠性模型为串联模型,进而根据故障统计,得出各部分故障率,如表6-3所列。

总的故障率 λ 为

$$\lambda = \sum_{i=1}^{25} \lambda_i = 0.00396$$

则自行火炮系统可靠性为

$$\mathrm{MTBF} = \frac{1}{\lambda} = 252.5$$

即自行火炮火力分系统的使用阶段初期的 MTBF 预计为 252.5 发。

2. 改进后的自行火炮火力分系统可靠性预计

通过对自行火炮在部队运行故障情况进行分析,运用可靠性增长改进方法,对自行火炮平衡机、炮闩、炮塔体、高低机等重点部件进行设计改进,并通过强化制造管理、过程监督等措施,实现自行火炮的可靠性增长。以改进后的自行火炮使用样本为基础,对改进后的自行火炮火力分系统可靠性进行预计,各分系统故障率如表6-4所列。

改进后自行火炮火力分系统的故障率 λ' 为

$$\lambda' = \sum_{i=1}^{25} \lambda'_i = 0.003308$$

则改进后自行火炮系统可靠性为

$$\mathrm{MTBF}' = \frac{1}{\lambda'} = 302.3$$

即经过生产阶段的可靠性增长管理与改进,自行火炮火力分系统的 MTBF 由原来的 252.5 发增长为 302.3 发。

表6-3 自行火炮火力分系统可靠性计算表

序号	分系统部件	故障次数	MTBF	λ_i /$\times 10^{-4}$	序号	分系统部件	故障次数	MTBF	λ_i /$\times 10^{-4}$
1	烟幕发射装置	3	6250.0	1.6	14	炮塔体	11	2083.3	4.8
2	底盘弹药架	2	8333.3	1.2	15	周视瞄准镜	0	25000	0.4
3	炮塔弹药架	2	8333.3	1.2	16	直瞄镜	0	25000	0.4
4	周视镜防护罩	2	8333.3	1.2	17	瞄准具	0	25000	0.4
5	成员座椅	0	25000	0.4	18	随炮工具	0	25000	0.4
6	座圈	0	25000	0.4	19	平衡机	17	1388.8	7.2
7	隔热衬层	0	25000	0.4	20	高低机	6	3571.4	2.8
8	辅助武器	0	25000	0.4	21	行军固定器	6	3571.4	2.8
9	灭火抑爆装置	0	25000	0.4	22	耳轴	0	25000	0.4
10	"三防"装置	0	25000	0.4	23	反后坐装置	4	5000	2.0
11	方向机	1	12500	0.8	24	炮身	0	25000	0.4
12	通信设备	1	12500	0.8	25	炮闩	15	1562.5	6.4
13	炮塔电气	4	5000.0	2.0					

表6-4 改进后的自行火炮火力分系统可靠性计算表

序号	分系统部件	故障次数	MTBF	λ'_i /$\times 10^{-4}$	序号	分系统部件	故障次数	MTBF	λ'_i /$\times 10^{-4}$
1	烟幕发射装置	1	6500	1.5	14	炮塔体	1	6500	1.5
2	底盘弹药架	0	13000	0.7	15	周视瞄准镜	1	6500	1.5
3	炮塔弹药架	1	6500	1.5	16	直瞄镜	0	13000	0.7
4	周视镜防护罩	1	6500	1.5	17	瞄准具	0	13000	0.7
5	成员座椅	0	13000	0.7	18	随炮工具	0	13000	0.7
6	座圈	0	13000	0.7	19	平衡机	1	6500	1.5
7	隔热衬层	0	13000	0.7	20	高低机	1	6500	1.5
8	辅助武器	0	13000	0.7	21	行军固定器	2	4333.3	2.3
9	灭火抑爆装置	1	6500	1.5	22	耳轴	0	13000	0.7
10	"三防"装置	0	13000	0.7	23	反后坐装置	2	4333.3	2.3
11	方向机	1	6500	1.5	24	炮身	0	13000	0.7
12	通信设备	1	6500	1.5	25	炮闩	2	4333.3	2.3
13	炮塔电气	2	4333.3	2.3					

6.5.2 可靠性增长管理评价参数计算

以某型自行火炮可靠性使用阶段的统计结果,计算该阶段可靠性增长中纠正有效性系数。

通过对自行火炮使用中的故障进行统计,可知各个故障的故障率,如表6-5所列。

表6-5 使用阶段故障率统计

序号	故障件	改进前		改进前	
		MTBF /发	λ_i /×10⁻⁴	MTBF /发	λ'_i /×10⁻⁴
1	平衡机	1388.8	7.2	6500	1.5
2	炮闩	1562.5	6.4	4333.3	2.3
3	炮塔体	2083.3	4.8	6500	1.5
4	高低机	3571.4	2.8	6500	1.5
5	行军固定器	3571.4	2.8	4333.3	2.3
6	烟幕发射装置	6250	1.6	6500	1.5
7	底盘弹药架	8333.3	1.2	13000	0.7

由表6-5可知,本阶段可靠性增长改进中,$\lambda_A = 0.00268$,假定$k_\lambda = 0.85$,故障率总和为0.00268,则有

$$\lambda_B = 0.00268 \times 0.85 = 0.002278$$

经过改进,由表6-5,得到$\Delta\lambda = 0.00155$,对纠正有效性系数进行计算:

$$d = 0.00155/0.002278 = 0.68$$

可见,在该型自行火炮配发部队后经可靠性设计及工程监督改进,自行火炮系统的MTBF由原来的252.5发增长为302.3发,可靠性增长管理中的纠正有效性系数为0.68,可靠性增长管理处于较为良好的水平。

第7章 自行火炮可靠性工程监督

自行火炮可靠性工程监督是指通过督促承研承制单位建立健全装备可靠性工程管理体系并有效运行,确保自行火炮全寿命周期可靠性增长活动的开展,从而使自行火炮可靠性达到预期增长目标的过程。自行火炮可靠性工程监督主要包括工程监督和定量控制两种模式。

7.1 基本概念

7.1.1 工程监督

工程监督主要是借助评审等方式监督各项可靠性增长活动,以实现对增长过程进行控制的一种模式。可靠性增长计划规定了何时开展何种增长活动,工程监督就是保证这些活动在规定进度内完成,它的控制没有定量控制那样确切,作为可靠性增长过程的全面控制来说,工程监督是定量控制不可缺少的补充。尤其是在增长过程的初期阶段、各试验段的初期,由于缺少可供定量控制的数据,增长过程的控制主要依靠工程监督。工程监督的主要内容有:

(1) 督促承研承制单位贯彻国家和军队有关可靠性工程的方针、政策和规章制度。

(2) 督促并协助承研承制单位按有关要求建立可靠性工程管理体系及职能机构,并监督其有效运行。

(3) 参与可靠性定量指标、定性要求及技术方案的评审,审签《可靠性保证大纲》。

(4) 监督纳入可靠性增长管理的各项试验规定的条件是否被执行。

(5) 监督检查自行火炮的硬件试验或筛选的执行情况。

(6) 参加可靠性增长试验监督,并按要求审签试验结论意见。

(7) 评估各试验起点自行火炮的可靠性水平。

（8）审查故障报告、分析及纠正措施系统（FRACAS）的完善程序，在增长过程中监督 FRACAS 各个环节及完成情况。

（9）检查在增长过程中因重大设计改进而需要重新进行可靠性预计和FMECA 的执行情况。

7.1.2　定量控制

可靠性增长管理与一般的、不含可靠性增长的《可靠性保证大纲》的管理相比有两个不同点：①有一个审慎制定的计划增长曲线作为管理工作的基础；②用选定的评估方法能对自行火炮可靠性增长过程中的可靠性水平作出比较精确的评估。因此，对可靠性增长过程的控制有了强有力的手段，即定量控制。定量控制管理模式框架如图 7-1 所示。

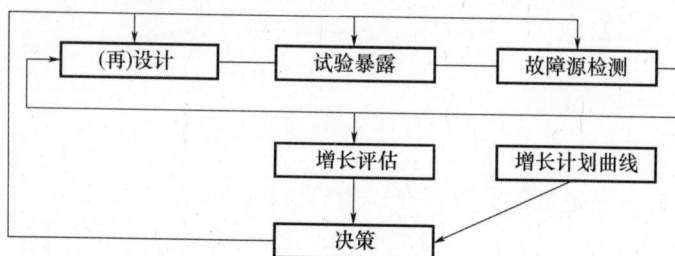

图 7-1　可靠性增长定量控制流程图

7.1.3　验证值与预测值

在增长过程中，根据试验数据对可靠性水平的评估，共有两类。

（1）验证值。可靠性验证值是以试验数据为基础对自行火炮当前可靠性水平的估计值。这种评估适用于正在受试的硬件结构，而不适用于未来的硬件结构。验证值按试验段逐段得出，每个试验段结束后都应有一个验证值。

（2）预测值。可靠性预测值是未来某时刻的可靠性水平的估计值。预测值可以分为外推预测值和延缓纠正预测值两种。外推预测值是指在连续增长过程中，在试验条件与增长过程控制程度保持不变的条件下，以同样增长模型而外推的自行火炮在未来某时刻可靠性的估计值，也就是把跟踪曲线延长到未来某个时刻的可靠性估计值。延缓纠正预测值是指当采取在试验结束后集中纠正故障时，利用增长预测模型估计经纠正之后，自行火炮在下一试验段开始时的可靠性估计值。

7.1.4　定量控制方法

（1）跟踪增长过程。在可靠性增长过程中，及时掌握故障信息，根据这些故障数据用选定的模型或方法对自行火炮可靠性水平作出评估。这些评估包括试验段结束时的可靠性验证值和延缓纠正预测值，对连续增长过程还应包括跟踪曲线和外推预测值。这些估计值和曲线描述了实际增长过程和趋势。

（2）比较和分析。将实际增长过程和趋势与计划曲线进行比较和分析。验证值、预测值与计划值相比较，跟踪曲线与计划曲线相比较。当差别较大时，要分析造成差别的主要原因。

（3）控制与决策。对增长过程的控制主要是控制增长速度。当验证值、预测值低于计划值，跟踪曲线的增长率低于计划增长率时，应设法加快增长速度。影响增长速度的主要因素是 FRACAS 的完善程度以及故障分析的准确性、纠正措施的有效程度。如果验证值、预测值高于计划值，跟踪曲线高于计划曲线，则要特别注意对试验方法和仪器设备进行检查，以提高故障检测精度，防止故障漏检。

7.2　可靠性增长管理组织监督

可靠性增长管理应贯穿自行火炮全寿命过程，可靠性增长管理组织结构的合理性，对保持自行火炮的固有可靠性及实现可靠性增长有较大影响。可靠性增长管理组织结构由承研承制单位和监督代表系统共同组建，从研制、生产和使用各阶段对自行火炮可靠性信息进行收集、分析，并通过建模与仿真，找出设计、工艺和可靠性控制关键点，督促设计师系统和工艺师系统进行改进；负责制定可靠性增长工作方针、规章制度和工作计划；督促、检查可靠性增长工作的开展情况，组织可靠性增长工作的培训和交流，协调整个系统的可靠性增长工作。典型的可靠性增长组织结构如图 7-2 所示。

1. 可靠性工作领导小组

组长一般由型号总设计师担任，成员由各主要分系统总师和有关监督代表组成。主要负责型号可靠性增长总体策划及可靠性工作总体实施方案，制定可靠性增长工作方针、目标和各项规章制度，督促、检查可靠性增长工作的开展情况。协调整个系统的可靠性增长工作。

2. 可靠性工作办公室

为可靠性增长管理组织的日常管理部门,主要负责制定型号可靠性增长年度工作计划,收集汇总各种可靠性信息、组织培训及交流。

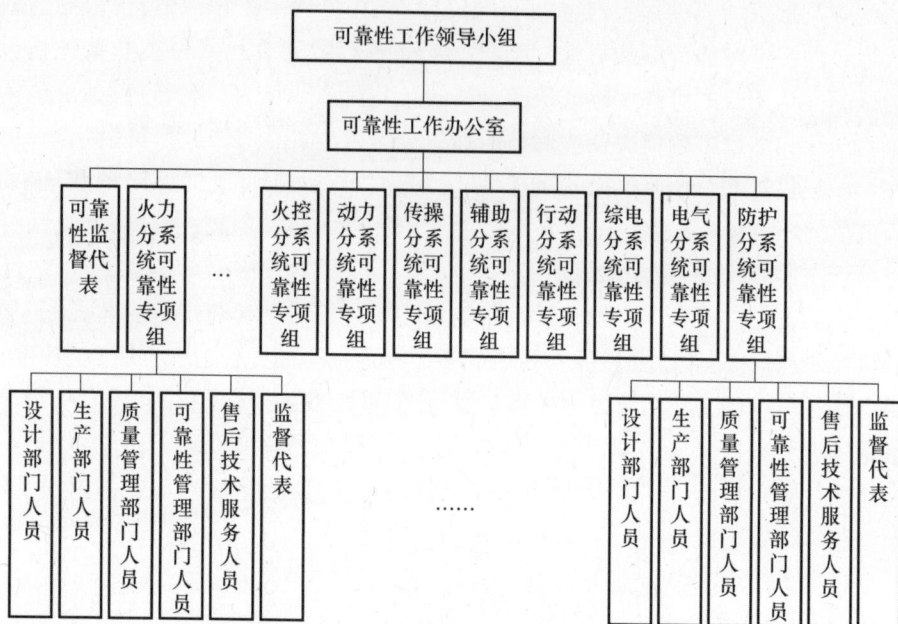

图 7-2　典型可靠性增长管理组织结构

3. 分系统可靠性工作专项组

分系统可靠性工作专项组主要负责各自分系统的相关可靠性工作。主要包括拟制可靠性工作计划、可靠性保证大纲,编制可靠性设计准则、可靠性阶段工作报告和总结报告,收集、分析、处理、传递本系统可靠性、维修性、保障性信息并组织可靠性问题归零工作,进行可靠性技术培训,协助设计人员进行 FME-CA、FTA 分析,检查和审查可靠性设计和分析不合理问题并提出改进建议。分系统可靠性工作专项组由设计部门、生产部门、可靠性管理部门、售后技术服务部门人员和监督代表组成。其主要职责是:

(1) 设计部门人员:收集试制和试验中的故障,进行故障分析,改进设计、消除故障或减少故障比率,实现自行火炮可靠性的增长。

(2) 生产部门人员:通过逐步完善生产工艺、有效控制产品质量和可靠性的关键点,确保固有可靠性及增长目标。

（3）质量管理部门人员：负责生产过程中产品检验、不合格品控制、质量问题处理，以及可靠性信息的收集、传递与处理等工作。

（4）可靠性管理部门人员：负责可靠性管理体系的监督和完善，组织可靠性增长的审核工作，配合监督代表对可靠性增长各环节工作进行监督和管理，统计分析可靠性信息，组织对可靠性问题的分析处理与归零工作，监督自行火炮可靠性的增长等相关工作。

（5）售后技术服务部门人员：及时收集自行火炮使用和故障信息，并反馈到可靠性管理部门。组织接装培训，使部队熟练掌握操作、适时保障维护，在一定行驶里程或射击弹数时进行预防性维修，促进自行火炮可靠性的增长。

（6）监督代表：监督承研承制单位可靠性管理体系的建立健全，并有效运行，参加自行火炮可靠性增长计划制定、优化设计、工艺改进、可靠性评审和可靠性增长试验，对可靠性增长各环节工作进行监督把关，负责自行火炮全系统全寿命各阶段可靠性增长过程的监督及产品验收，并出具书面意见。

7.3　可靠性增长管理计划监督

督促承研承制单位在对装备方案进行论证的同时，对可靠性方案进行论证，选择满足可靠性要求的最佳方案。审查承研承制单位的可靠性工作计划和保证大纲，参加可靠性增长各阶段评审。

7.3.1　可靠性增长目标监督

可靠性增长目标是对可靠性增长的预测或期望。在目标制定中，既不能将目标制定过高而脱离现有基础，实践起来将可望不可及；也不能将目标制定过低，而不能满足用户的期望与要求。提出或要求可靠性增长目标时，应对可靠性增长目标确定方法的科学性和整体水平进行监督。监督可靠性增长目标制定工作，主要包括确定可靠性要求和可靠性增长目标两部分。

1. 可靠性要求监督

监督代表在型号研制质量与可靠性监督工作中，应督促确定可靠性定性定量要求，以满足系统战备完好性和任务成功性要求。可靠性要求主要包括如下工作内容：

（1）根据自行火炮的任务需求和使用要求提出自行火炮的可靠性要求。包括定量要求、定性要求。

（2）自行火炮的可靠性要求应与维修性、保障系统及其资源等要求协调确定，以合理的费用满足系统战备完好性和任务成功性。

（3）可靠性要求应按 GJB1909A《装备可靠性维修性保障性要求论证》规定的要求和程序进行。

（4）可靠性要求应纳入研制总要求、合同或相关文件。

2. 可靠性增长目标监督

监督代表要根据订购方需要，参与确定可靠性增长目标。对于自行火炮这种长寿命、反复使用的复杂系统，如何评价其可靠性水平、评估其可靠性增长空间，使其在全寿命期实现可靠性增长，是可靠性增长管理中需重点思考的问题。

1）目标确定原则

一般情况下，由合同（或任务书）中的可靠性规定值来确定自行火炮的可靠性增长目标。确定可靠性增长目标时，还需要考虑同类自行火炮的国内外水平、自行火炮的固有可靠性、增长潜力以及可靠性预计值等各种因素。同类自行火炮可靠性水平，在一定程度上反映了该类自行火炮的整体可靠性水平；自行火炮的固有可靠性越高，自行火炮可靠性增长目标确定就越高。一般来说，在自行火炮设计初期，由于故障发生较多，通过解决问题，即可大幅度提高自行火炮可靠性，该阶段可靠性增长潜力较大，随着自行火炮的成熟度提高，可靠性增长潜力降低；利用可靠性增长模型，对未来的自行火炮可靠性进行估计，为可靠性增长目标提供参考。

2）目标确定要求

（1）可达到。通过借鉴、分析与比较，对结果进行科学的预测，必要时通过模拟仿真或原理样机演示来对目标结果进行估量。

（2）可承受。承研承制单位有实力、有能力完成可靠性增长项目，而不产生巨大的浪费；订购方对可靠性增长后的全寿命周期费用可以接受，不大幅提高采购成本。

（3）可测量。确定的目标一般应用定量的评价办法，并具有相应的试验条件与手段。

3）监督评价目标

可靠性增长目标确定后，应按照如下项目进行评价，通过评价，选择主要的要求和约束条件作为实际评价目标，一般不超过 6～8 项，项目过多会掩盖主要影响因素，不利于方案的选出。

（1）技术评价目标：战术技术性能指标、加工装配工艺性、使用维护性、技术上的先进性等。

（2）经济评价目标：项目费用、寿命周期费用、改装费用时间等。

（3）社会评价目标：方案实施的军事经济效益、可持续发展等。

7.3.2　可靠性增长曲线监督

可靠性增长曲线是可靠性增长管理和控制的基础。根据可靠性增长目标、规律和时间安排，拟制可靠性增长曲线，监督代表要参与可靠性增长曲线拟制过程，参与可靠性增长模型选择、现实可靠性水平评估、根据可靠性增长理想曲线生成可靠性增长计划曲线等过程，并根据实际可靠性增长过程中的故障统计和仿真数据，确定可靠性增长过程与计划曲线的拟合程度，为可靠性增长控制提供决策依据。

7.3.3　可靠性增长计划监督

可靠性增长计划是实施可靠性增长管理的依据。制定可靠性增长计划，需要依据产品的特性，选择合适的增长模型。可靠性工作办公室编制可靠性增长计划，明确自行火炮可靠性增长各个阶段、分阶段的目标值，对关键节点按计划进行节点检查，对全系统、分系统按期进行检查，确保计划的有效实施。

1. 确定可靠性增长项目

根据故障信息反馈、计算机辅助虚拟仿真等结果，通过运用故障树分析、故障模式和影响及危害性分析等方法，确定可靠性增长点，开展可靠性增长工作。

2. 制定可靠性增长目标

应根据合同（或任务书）中的可靠性规定值，确定可靠性增长目标。由于自行火炮使用样本量较小，必要时，使用计算机虚拟随机试验平台技术，分析得出自行火炮可靠性增长值。

3. 可行性分析和费效分析

借鉴相应工程实践经验和有关理论，对改进方案进行技术可行性分析，对改进费用和改进后生产成本进行预测，对改进的必要性进行分析。

4. 建立可靠性增长模型

一般情况下，利用 Duane 模型，建立自行火炮可靠性增长模型。如需要对实际增长过程进行精确的统计分析和评估时，则运用 AMSAA 模型。

5. 绘制可靠性增长曲线

绘制理想增长曲线是描述可靠性增长过程的总轮廓线，它是根据所选增长模型结合可能获得的有关信息而绘制出来的。计划增长曲线的绘制、计划曲线中各阶段目标值的建立,以理想增长曲线为基准。通过绘制计划增长曲线,合理分配利用与可靠性增长有关的资源,确保可靠性增长工作得到有效实施。资源包括时间、资金、试验验证设备、试验进度、各种试验的重点、管理控制和硬件种类等。

6. 开展可靠性增长验证试验

为实现自行火炮可靠性增长所采取的试验方法,这种方法使装备处于模拟的使用环境,以便诱发研制、生产、使用各阶段的薄弱环节,并对薄弱环节进行分析、纠正,防止类似故障的再次发生,促进装备可靠性的提高。

7. 实施可靠性增长结果评估

可靠性增长项目结束后,组织相关专家对该项目是否满足预期目的和要求进行评审,并评估可靠性增长水平。

7.4 可靠性增长过程监督

可靠性增长过程是在可靠性增长管理计划指导下,进行的可靠性增长分析、研究和改进的过程。可靠性增长过程监督主要包括可靠性增长点确定监督、可靠性增长方案监督、可靠性增长设计监督、可靠性增长生产监督、可靠性增长试验监督等。

7.4.1 可靠性增长点确定监督

可靠性增长点是实现可靠性增长的突破口,可为可靠性有效改进提供保障。

1. 故障收集与处理

可靠性故障数据收集与处理,是通过有计划、有目的的工程实践活动,运用概率论与统计分析等方法分析产品的故障数据,定量评估产品的可靠性。故障数据收集内容如表 7 - 1 所列。

表 7 - 1   故障数据收集一览表

序号	阶段	主要内容
1	方案论证阶段	收集同类产品的可靠性数据,进行方案的比对
2	工程研制阶段	收集研制阶段的可靠性试验数据,进行分析与处理,找出薄弱环节,提出故障纠正的策略和设计改进的措施

（续）

序号	阶段	主要内容
3	设计定型阶段	分析处理可靠性鉴定试验数据,评估产品可靠性水平是否达到规定的要求
4	生产阶段	分析处理验收试验数据,评估产品可靠性,检验其工艺水平能否保证产品的固有可靠性
5	使用阶段	收集使用过程中现场故障数据,为新产品设计和改进提供参考

2. 可靠性增长点来源

监督代表督促承研承制单位制定可靠性数据的收集与管理制度,建立可靠性数据库,并督促做好试验→分析→改进→再试验(TAAF)工作。当评估的结果出现异常时,应对数据进行异常性检查,剔除异常故障。

可靠性增长点主要有以下来源:订购方提出的明确可靠性增长要求;产品寿命期涉及可靠性问题的改进要求;设计、生产人员提出的合理性建议;部队在训练或实战中提出的可靠性增长需求。

3. 增长点确定的监督

可靠性增长点选择时,需要权衡现实资源与技术条件,有重点、有步骤地规划。还应借鉴成功或成熟的经验,参考新设备、新工艺、新材料、新方法的应用,对自行火炮可靠性增长的可行性提出意见;注意全寿命周期费效比,对可靠性增长成本进行评估,以取得显著的军事经济效益为目的;必要时,可确立可靠性增长项目的优先级。监督代表需要监督评价指标体系的完整性、评价过程的科学性和评价结果的合理性。

7.4.2　可靠性增长方案监督

督促承研承制单位编制可靠性增长方案。要充分考虑技术上的可行性,有无成功或成熟的经验可以借鉴;军事经济效益是否有价值,可以或不大幅度增加采购成本,全寿命周期费效比提得合理;对系统可靠性的影响;是不是当前必须解决、急需解决的问题;可靠性设计改进的必要性,能否满足预期目标;风险及对失败的容忍程度;资源是否有保障等方面。

7.4.3　可靠性增长设计监督

可靠性增长设计监督是在明确可靠性增长方案的基础上,对可靠性增长设计过程进行的监督。主要包括可靠性增长工作目标、可靠性增长设计约束条件、可靠性设计工作要求、可靠性增长工作项目、可靠性增长组织机构与职责。

1. 可靠性增长单元优化设计

督促承研承制单位按照可靠性设计方法进行设计,并按要求进行 FMECA 和 FTA 分析等可靠性工作,避免故障分析缺项漏项,确保可靠性增长单元优化设计的合理性。

(1)监督 FMECA 分析过程,主要包括系统定义、功能分析、约定层次、系统故障判据、严酷度类别分析、故障模式、原因及影响分析、危害性分析、结论及建议等。

(2)监督 FTA 分析过程,主要包括产品描述、产品功能和原理、结构组成、任务阶段和工作方式、边界和环境条件、基本假设、系统故障定义和判据,以及顶事件的定义和描述、建立故障树、故障树定性分析、故障树定量分析、故障树分析结论和建议、预防与纠正措施等。

2. 可靠性关重件确定

依据可靠性分析结果,综合考虑费用约束和改进技术等因素,围绕设计、生产、装配、检验、试验、使用、维修等环节,确定可靠性增长关键件和重要件。对承研承制单位确定的可靠性关重件判别准则、可靠性关重件清单、可靠性关重件控制计划等的合理性和可行性进行监督。

3. 仿真建模评估

监督研制过程的可靠性仿真建模和可靠性分析评估,初步验证可靠性设计改进效果。对可靠性增长单元的可靠性现有水平进行对比,运用系统可靠性模型,初步分析可靠性增长后设计达到可靠性要求的程度。进行系统可靠性预计时要注意各单元的运行比影响;任务可靠性模型只能用于任务可靠性预计,不能用于基本可靠性预计;基本可靠性预计是基于全串联系统的可靠性预计;预计应与功能设计同步进行,功能设计改变时,必须再次进行预计。

4. 可靠性设计准则落实

可靠性设计准则是产品技术规范的重要组成部分。督促承研承制单位根据产品特点制定相应的产品可靠性设计准则,监督设计人员在贯彻落实的同时,分阶段(初步设计阶段、详细设计阶段)写出设计准则符合性报告;当产品设计更改时,重新进行可靠性设计准则的符合性检查;当外购产品存在违反可靠性设计准则的情况时,应进行影响分析,采取必要手段在系统设计中予以补偿。可靠性设计准则监督实施要点及可靠性设计准则的贯彻实施流程见图 7 - 3。

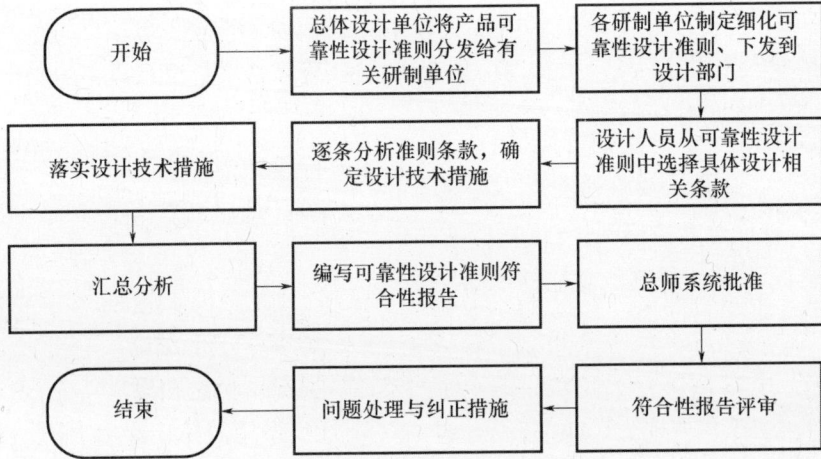

图 7 - 3　可靠性设计准则贯彻实施流程图

5. 软件产品开发监督

软件应作为独立产品进行管理与监督。督促承研承制单位按照 GJB438B《军用软件开发文档通用要求》和 GJB2786A《军用软件开发通用要求》,制定软件开发计划,明确软件研制过程、文档和评审要求;编制研制过程各个阶段的各种软件文档,审查承制单位编制的软件文档格式和内容是否符合要求。督促做好软件"三库"管理,将通过承研承制单位内部评审的有关软件和相关文档纳入软件开发库管理;建立软件受控库,将通过阶段评审的有关软件和相关文档纳入软件受控库管理,检查软件配置管理情况;将通过定型审查的软件产品源程序、目标程序、各种交付文档和运行平台软件纳入软件产品库管理。建立和完善软件测试环境,实施分级、分阶段评审;制定软件测试计划,实施分级、分阶段软件测试,必要时进行软件代码审查。关键软件委托第三方软件测评。

7.4.4　可靠性增长生产监督

督促承研承制单位制定《可靠性保证大纲》,做好生产过程可靠性增长的日常监督。

1. 技术状态管理

严格执行设计、生产文件的审签、颁发和归档制度,确需更改的,必须做到"论证充分、协调认可、试验验证、审批完备、归档到位",确保产品固有可靠性实现。

2. 产品(单元)可靠性

督促承制单位开展工艺 FMECA 工作,通过对生产过程各种可能的风险分析、评价,优化工艺设计,管控工序能力,监控工艺流程,避免由于工艺失控引起的故障,保证可靠性达到可接受的水平。依据自行火炮可靠性分配指标要求,做好外购外协件可靠性检验。

3. 软件可靠性控制

会同承研承制单位对软件产品库采取措施,杜绝单方面使用或更改软件;软件技术状态更改时,履行更改审批程序,完成软件回归测试,将完成更改、通过回归测试的软件纳入软件产品库管理;规范管理软件有关介质或载体,防止数据损坏、丢失等。

4. 可靠性问题处理

在甄别故障性质的基础上,对可靠性问题按以下程序进行处置:

(1)隔离故障。发生故障后,会同承研承制单位保护现场,对发生故障的产品做出标识,采用照相、录像等手段固化证据,采取隔离等控制措施。初步判断故障的性质,对故障进行分类。进行调查核实;按照故障问题处置权限,填写表 7-2 故障报告表,报告故障调查核实的基本情况和拟采取的处理措施。

(2)定位故障。采用工程分析方法对发生故障的产品进行测试、试验、观察、分析,确定故障部位;采用统计分析方法,收集同类装备的生产数量、经历的试验和使用时间、已发生的故障数等,寻求此类故障发生的概率和统计规律。

(3)分析机理。运用 FTA、FMECA、虚拟样机等可靠性分析方法与手段,对故障发生的原因和机理进行分析;填写表 7-3 故障分析报告表,提出分析意见和纠正措施建议。

(4)复现故障。通过试验或仿真试验复现故障,以验证故障定位的准确性和机理分析的正确性。对于可能造成灾难性危害和重大损失的故障,如炮管炸膛等进行原理性复现。

(5)采取措施。故障信息应及时计入 FRCAS,并检查其运转情况,查找出可靠性体系中存在的薄弱环节,提出生产、试验及可靠性管理体系文件等方面改进措施;对有章不循、违章操作、技术状态管理失控等人为问题,明确责任并作出相应处理。填写表 7-4 故障纠正措施表。需要纳入可靠性增长方案的项目,纳入可靠性增长计划,实施可靠性增长管理。

(6)举一反三。将故障处理情况及时通告相关单位,对同类产品进行排查,完善设计及工艺,确保不再发生同类问题。

7.4.5　可靠性增长试验监督

可靠性增长试验主要包括可靠性研制试验、可靠性增长鉴定与验收试验等。

1. 试验前监督

督促可靠性增长试验大纲的编写与评审,对试验项目的合理性、试验条件的符合性、试验方法的科学性、合格判据的准确性进行监督;受试品陪试品的技术状态、数量、可靠性验证情况、软硬件条件、环境条件符合可靠性增长试验大纲要求;仪器设备、工卡量具、计量器具等在合格鉴定周期范围内。

2. 试验过程监督

按照可靠性试验大纲进行试验,保证试验日志、试验设备测试记录、受试设备测试记录、故障汇总报告和分析报告等试验记录和报告的完整性及真实性。通过对可靠性计划增长曲线和跟踪曲线的对比,应用 Duane 模型对增长过程进行跟踪,对试验段采取的纠正方式的合理性提出意见。可靠性增长试验符合提前结束的要求,报请上级同意后可以提前结束。

可靠性研制试验过程中,如出现的故障在自行火炮使用中不可能出现或没有必要进行改进,或出现故障的应力水平远高于产品技术规范,产品有足够的安全余量,可不采取改进措施,但故障原因应记录清楚并归档。

可靠性增长鉴定与验收试验过程中,如发生故障,只能修复,不能进行设计改进。对发生的责任故障,若定位为零部件、元器件失效,应更换失效的零部件、元器件,若更换确有困难,可更换有功能置换件,但不能更换性能虽恶化但未超出允许容限的零部件、元器件;对发生的非责任故障,更换有故障零部件、元器件的功能置换件,包括性能虽恶化但未超出允许容限的功能置换件;修理恢复到可正常工作的受试产品,经证实修理有效时,方可放入试验设施内继续试验;针对发生故障的试验循环,在受试产品修复后恢复试验时,试验时间应从上一次检测正常时间点开始记录,继续该试验循环,该循环试验时间计入受试产品总试验时间;在故障检测和修理期间,为保证试验的连续性,监督代表可批准临时更换功能置换件,但不应随意更换未出现故障的功能置换件。

3. 试验后监督

通过对产品可靠性的评估值与要求值的符合性、故障处理方式和故障诊断的正确性、试验结果分析的合理性、采取措施的有效性、尚未解决的问题和故障情况、预计的改进措施等内容的分析,通过纠正比和纠正有效系数的计算,应用 AMSAA 模型对可靠性增长效果进行评价。

审查试验报告的内容,给出试验结论,主要包括试验目的、试验的日历时间和地点、累积试验时间、受试产品、试验的环境条件和统计方案、试验设备和测试仪器、可靠性强化试验过程,故障发生时机、故障分析和纠正措施、实施和验证结果,对试验结果、存在的问题和后续工作的建议应详细说明。

参加试验评审。试验结束后,及时向上级主管部门申请对试验结果进行评审,跟踪评审意见落实情况。评审为未通过时,则应督促承研承制单位查清原因,完善方案,采取有效措施后,进行继续试验或加倍复试等补充验证工作;也可以申请上报终止可靠性增长工作。

对试验品的处置提出意见。可靠性研制试验的试验品一般不接收,可靠性增长鉴定与验收试验的试验品修复后满足正常使用要求的产品可以让步接收交付用户。

7.4.6 可靠性增长验收

可靠性增长验收主要包括可靠性增长评审、可靠性验收等。

1.可靠性增长评审

参照有关标准,了解编制的评审检查清单有关内容和要求,审查提供的评审资料;参加评审过程,掌握评审情况,提出评审意见;督促承研承制单位针对评审中提出的问题,制订解决措施和实施计划,并对实施过程进行跟踪管理,检查改进效果。

在自行火炮研制转段时,运用早期告警的原则,对可靠性设计、管理和试验等工作及监督代表意见,一并提交转段评审会议,包括方案设计评审、初样机设计评审、正样机设计评审、定型设计评审、可靠性关重件和关重特性评审等。

在产品试生产过程中,开展首批生产鉴定评审,保证批生产工艺规范及生产质量与可靠性控制措施满足自行火炮的可靠性要求。包括制造与验收规范评审、工艺评审、可靠性管理体系评审等。

在产品生产过程中,参加可靠性增长阶段设计、试制、试验以及其他可靠性工程专题评审工作,严把设计评审、工艺评审及产品可靠性评审关,促进生产及使用中暴露故障与问题得到及时有效的管理与改进,包括增长方案确定阶段的评审、增长方案设计评审、增长方案实施阶段评审等。

协调各外协外购单位按自行火炮组成分层次进行评审,对有独立功能的产品,开展可靠性台架试验;对无独立功能的产品或只能在系统中验证功能的产品,开展可靠性鉴定试验,如底盘的行驶里程试验、火炮身管寿命试验等。包括分系统评审、零部件级评审、软件评审等。

2. 可靠性验收

参加外协外购产品入厂验收,所有外协外购产品应有相关单位监督代表出具的合格证或证明书,其中软件产品核对版本,电子器件产品进行应力筛选。参加生产过程的装配调试试验、可靠性关重件的可靠性抽样加速寿命试验。参加系统的可靠性验收试验,主要是对产品交付时的相关可靠性试验,如火炮大型射击试验、底盘 C 组试验等。根据验收结果对批生产产品可靠性进行评价,做出接受或拒收的决定。

收集生产和使用过程中出现的故障信息,对可靠性问题按照可靠性问题处理要求分析与处理。实施可靠性改进时,开展相关的可靠性验证,监督做好可靠性鉴定试验,对软件产品进行回归测试。

对上述监督工作分析情况进行汇总,监督代表在可靠性增长过程中,主要进行的可靠性工作如表 7-5 所列。

表 7-2　故障报告表

No

1. 设备型号、名称					
2. 故障日期、时刻		4. 发现时机		第　循环第　分	
3. 分机名称、机号		5. 前次监测		第　循环第　分	
6. 故障累计时间	样机试验循环数： 样机通电试验时间　小时 累计试验循环数： 累计通电试验时间：　小时	样机试验时间：　小时 累计试验时间：　小时			
7. 故障时试验应力	温度：　℃；湿度：　%；振动：　g^2/Hz 电应力:直流　V;交流　V				
8. 故障现象及故障检测 隔离方式(BIT、测试设备、其他方式) (注:故障是否首次发生? □是□否)					
9. 现场处理方法:□停机排故 □更换样机 □继续观察 试验中断时间:____ 试验现场监测人签名　　日期					
10. 故障核实及初步分析意见(本栏由参试各方现场技术负责人填写):					
承制单位		承试单位		监督代表	

表 7 - 3 故障分析报告表

No

1. 故障件名称、编号		2. 故障报告表编号	
3. 故障分析单位		4. 故障分类	□系统性 □偶然性
5. 故障模式			
6. 故障原因			
7. 分析说明			
技术主管		技术负责人	
承试单位		监督代表	

填表日期：

表 7 - 4 故障纠正措施报告表

No

1. 故障报告表编号		2. 故障分析报告表编号	
3. 故障件名称、型号		4. 实施技术文件号	
5. 实施单位		6. 实施日期	
7. 纠正措施			
8. 验证方法及纠正效果			
9. 遗留问题及处理意见			
技术主管		技术负责人	
承试单位		监督代表	

填表日期：

158

表 7-5 可靠性增长工程监督一览

可靠性工作	监督项目	主要监督工作
管理组织	可靠性组织	监督建立健全组织,明确各部分人员职责
可靠性增长管理计划	可靠性增长目标	根据用户需要,参与确定可靠性增长目标
	可靠性增长曲线	根据可靠性增长目标、规律和时间安排,监督可靠性增长曲线的制定
	可靠性增长计划	参与制定可靠性增长管理计划,监控可靠性增长情况。
可靠性增长点确定	故障收集与处理	信息收集,分析故障机理,查找故障原因,确定故障类别
	可靠性增长点论证	根据项目来源,监督可靠性增长点论证情况
	增长点评价与确定	依据可靠性增长点方案评价,监督可靠性增长点方案确定
可靠性增长方案	可靠性增长方案	参与可靠性增长方案拟制,监督评价可靠性增长项目
可靠性增长设计	可靠性增长工作计划	依据可靠性增长方案,确定可靠性增长监督节点,监督可靠性增长工作计划制定和落实情况
	产品单元可靠性	督促 FMECA 和 FTA 分析等可靠性工作
	关重件确定	依据可靠性分析结果、费用约束和改进技术等,监督可靠性增长关键件和重要件过程的确定
	仿真建模评估	监督可靠性建模与预计、可靠性仿真建模和可靠性分析评估
	可靠性设计准则落实	监督可靠性设计准则制定与落实情况
	软件产品的开发	实施"三库"管理,加强软件研制过程监督;参加软件测试、关键软件的第三方软件评测
可靠性增长生产	技术状态管理监督	严格执行设计、生产文件的审签、颁发和归档制度,确需更改的,按要求进行审批;保证交付的技术资料准确和适用;工程图纸、技术文件必须符合国家标准或国家军用标准
	产品(单元)可靠性	开展工艺 FMEC 工作,优化工艺设计,管控工序能力,监控工艺流程,做好外购外协件可靠性检验
	可靠性问题处理监督	在甄别故障性质的基础上,对可靠性问题按隔离故障、定位故障、分析机理、复现故障、采取措施、举一反三的程序进行处置
	软件产品可靠性监督	杜绝单方面使用或更改软件;将完成更改、通过回归测试的软件纳入软件产品库管理;管理好有关介质或载体

（续）

可靠性工作	监督项目	主要监督工作
可靠性增长试验	试验前的监督	监督试验方案制定和评审过程,参与试验大纲的制定、评审、签审,进行试验条件检查
	试验过程的监督	保证试验数据完整真实,对试验过程中的故障进行处理,审批提前结束的条件
	试验后的工作	监督可靠性增长试验中存在故障与可靠性问题的改进及补充验证
可靠性增长验收	可靠性评审	各阶段严把设计评审、工艺评审及产品可靠性评审关,参加各外协外购产品的评审
	可靠性验收	监督试验计划制定和试验过程,组织可靠性增长验收工作

参考文献

[1] 康锐,石荣德,肖波平,等. 型号可靠性维修性保障性技术规范(第1册)[M]. 北京:国防工业出版社,2010.

[2] 康锐,石荣德,李瑞莹,等. 型号可靠性维修性保障性技术规范(第2册)[M]. 北京:国防工业出版社,2010.

[3] 郭波,武小悦. 系统可靠性分析[M]. 长沙:国防科技大学出版社,2002.

[4] 任立伟. 可靠性工程师必备知识手册[M]. 北京:中国质检出版社,中国标准出版社,2013.

[5] GJB841 故障报告、分析和纠正措施系统.

[6] GJB899A 可靠性鉴定和验收试验.

[7] GJB813 可靠性模型的建立和可靠性预计.

[8] GJB451 可靠性维修性术语.

[9] GJB450A 装备研制与生产的可靠性通用大纲.

[10] GJB768.2 故障树表述.

[11] GJB/Z77 可靠性增长管理手册.

[12] GJB1407 可靠性增长试验.

[13] GJB899A 可靠性鉴定与验收试验.

[14] GJB438B 军用软件开发文档通用要求.

[15] GJB2786A 军用软件开发通用要求.